“十四五”时期水利类专业重点建设教材(职业教育)
山西省“十四五”立项建设规划教材
活页式“互联网+”新形态教材

岩土试验检测实训

主　编　张　茹
副主编　王经国　毕小兵　仇文俊
　　　　韩晶晶　夏积德　张　磊
　　　　邢　芳　黄小华　吴　怡
　　　　张瑞芳　宋孝斌
主　审　郝志亮

黄河水利出版社
·郑州·

内 容 提 要

本书是“十四五”时期水利类专业重点建设教材、山西省“十四五”首批职业教育立项建设规划教材，是在中国水利教育协会的指导下，按照职业教育水利水电建筑工程专业（群）国家教学标准编写完成的。本书分为室内土工试验、现场土工试验、岩石试验、岩土的工程分类与简易鉴别等4个实训情景，包括35个实训任务，内容体系完整、结构严谨、逻辑性强，能够满足相关课程和专业岗位对人才培养的需求。本书紧跟岩土技术发展趋势和人才需求，及时将行业发展的新成果、新技术、新工艺、新规范纳入教材内容，校企“双元”深度合作开发，是活页式新形态教材，配套建设了课程PPT、微课视频等教学资源，融入了党的二十大精神等思政元素，便于学生更好地掌握相关教学内容。

本书适用于高等职业院校水利工程与管理类专业以及建筑工程技术、道路与桥梁工程技术等专业实训教学，还可作为工程设计、施工、监理、运维等岗位（群）工程技术人员培训和参考用书。

图书在版编目（CIP）数据

岩土试验检测实训 / 张茹主编. -- 郑州 : 黄河水利出版社, 2024. 5. -- （“十四五”时期水利类专业重点建设教材）. -- ISBN 978-7-5509-3898-4

Ⅰ. TU4

中国国家版本馆 CIP 数据核字第 2024SR2973 号

出版顾问：王路平　电话：13623813888　E-mail：hhslwlp@163.com
组稿编辑：田丽萍　0371-66025553　912810592@qq.com

责任编辑：王燕燕　责任校对：王单飞　封面设计：张心怡　责任监制：常红昕
出版发行：黄河水利出版社
地址：河南省郑州市顺河路49号　邮政编码：450003
网址：www.yrcp.com　E-mail：hhslcbs@126.com
发行部电话：0371-66020550、66028024
承印单位：河南匠心印刷有限公司
开本：787 mm×1 092 mm　1/16
印张：17.5
字数：420千字　印数：1—2 100
版次：2024年5月第1版　印次：2024年5月第1次印刷

定价：56.00元

前 言

本书是根据《中共中央关于认真学习宣传贯彻党的二十大精神的决定》，中共中央办公厅、国务院办公厅《关于推动现代职业教育高质量发展的意见》，国务院《国家职业教育改革实施方案》（简称“职教 20 条”），教育部《职业院校教材管理办法》《高等学校课程思政建设指导纲要》，水利部、教育部《关于进一步推进水利职业教育改革发展的意见》，中国水利教育协会《关于加强“十四五”时期水利类专业教材建设的通知》等文件精神，在中国水利教育协会精心组织和指导下，组织编写的“十四五”时期水利类专业重点建设教材、山西省“十四五”首批职业教育立项建设规划教材。教材注重吸收产业升级和行业发展的新知识、新技术、新工艺、新方法、新规范，丰富了课程思政案例、视频、微课、题库等数字化教学资源，是理论联系实际、教学面向生产，产教融合、校企合作编写的职业教育活页式新形态教材，具有鲜明的时代特点，体现了科学性、先进性、适用性和创新性的特色。

本书编写以习近平新时代中国特色社会主义思想为指导，依据国家及行业最新规范，校企深度合作共同开发，体现实训导向的工学结合的人才培养思路，按照“活页任务+实训指导+活页成果+评价反馈”四位一体的模式，以学生为中心创设实训模块、项目和任务，合理设计“学生工作任务单”等 5 个表单，贯穿任务课前、课中、课后各个环节，打造活页式与工作手册式相结合的新形态实训教材形式，服务于岩土技术类课程教学改革建设，并充分融合现代信息技术手段，同步提供学习网站、二维码等，配套开发信息化资源，有利于激发学习者的兴趣，提高专业技术技能水平。

本书编写单位及编写人员如下：山西水利职业技术学院张茹、王经国、毕小兵、仇文俊、韩晶晶；杨凌职业技术学院夏积德；四川水利职业技术学院张磊；河南水利与环境职业学院邢芳；福建水利电力职业技术学院黄小华；广东水利电力职业技术学院吴怡；山西省水利建筑工程局集团有限公司中心试验室张瑞芳、崔翔辉；运城市水务局宋孝斌；西北农林科技大学水利工程质量检测中心陈涛；运城市水利工程建设局有限公司李建强；运城市润海工程检测有限公司王建良。本书由张茹担任主编，由王经国、毕小兵、仇文俊、韩晶晶、夏积德、张磊、邢芳、黄小华、吴怡、张瑞芳、宋孝斌担任副主编，由万家寨水务控股集团有限公司郝志亮担任主审。

由于编者水平有限，书中难免存在错漏和不足之处，恳请广大师生及专家、读者批评指正。

本书互联网全部资源

编 者

2024 年 3 月

试验检测人员岗位职责与要求

1. 遵守国家相关法律法规的规定，遵循客观独立、公平公正、诚实信用原则，恪守职业道德，承担社会责任。

2. 承诺保证不在两个及以上检验检测机构从业。

3. 按时完成公司下达的检验检测任务。

4. 做好试验前的准备工作；校对仪器设备示值，检测仪器设备运转是否正常、环境条件是否符合标准要求。

5. 严格按照检验检测方法、标准、规范、规程及有关规定进行检验检测活动。

6. 做好检验检测原始记录，严格按技术规范要求逐项做好记录，正确处理检验检测数据，不得擅自取舍和修改原始数据。

7. 应对检验检测数据的正确性负责，并按规定程序送审。

8. 严格按操作规程使用仪器设备，做到检验检测前后检查、清理，定期维护保养。

9. 在检验检测过程中，负责样品的管理。

10. 严格执行安全制度，做到文明检验检测，离开岗位时检查水源、电源，防止事故发生。

11. 认真钻研业务，努力学习新标准技术，提高检测水平。

12. 为客户承担保密的义务，不评价、公开、复印、转借客户的技术资料和检验检测数据。

13. 严格执行回避制度，不私自接触客户，不打听客户信息，不私自向客户透漏检验检测数据、结果，不接受商业贿赂。

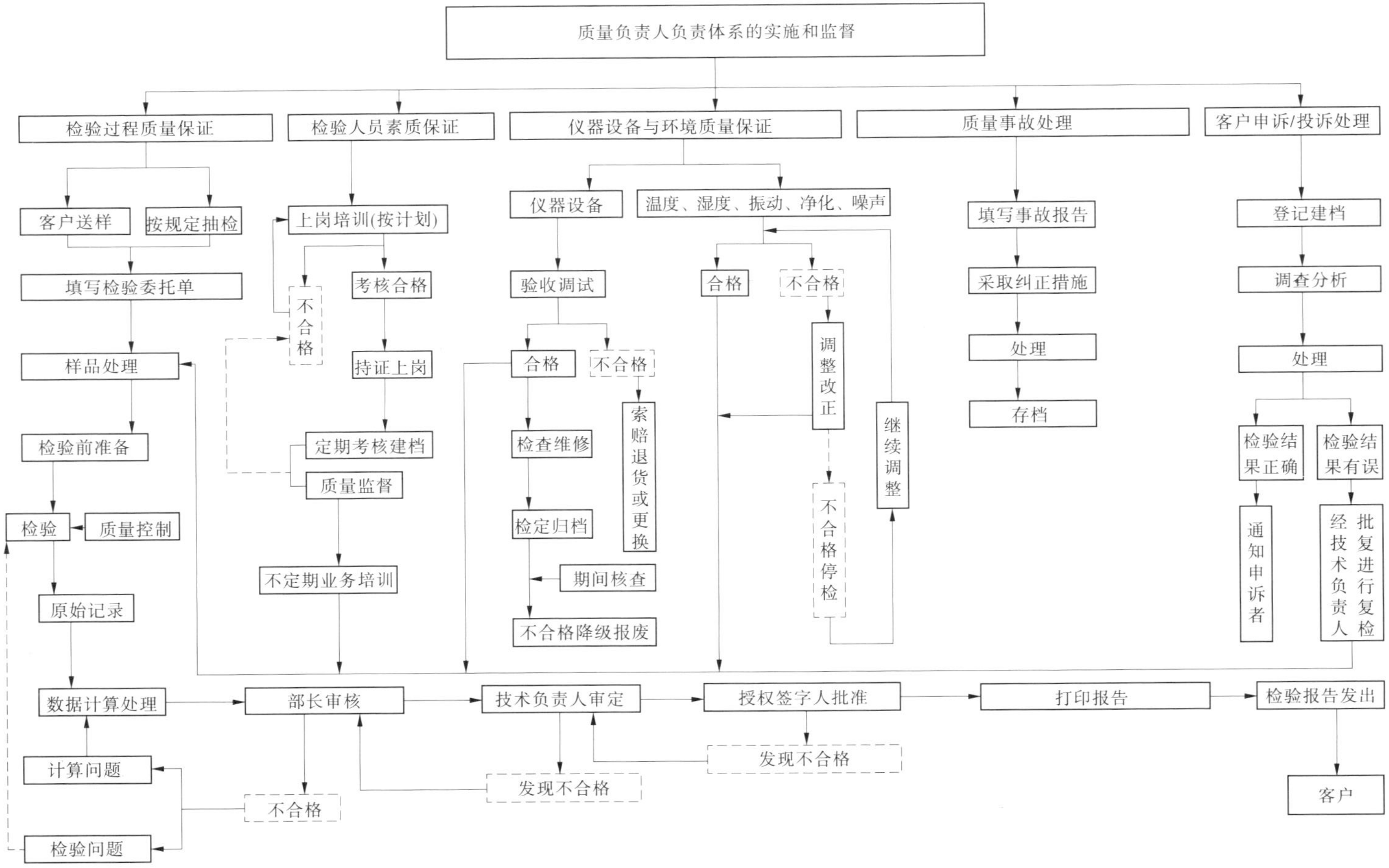

试验检测流程与质量保证体系框图

目 录

前 言
试验检测人员岗位职责与要求
试验检测流程与质量保证体系框图
实训情景一 室内土工试验 …… (1)
实训任务一 扰动土试样制备 …… (2)
实训任务二 颗粒分析试验 …… (8)
实训任务三 含水率试验 …… (16)
实训任务四 密度试验 …… (22)
实训任务五 比重试验 …… (28)
实训任务六 相对密度试验 …… (35)
实训任务七 界限含水率试验 …… (42)
实训任务八 击实试验 …… (49)
实训任务九 渗透试验 …… (57)
实训任务十 固结试验 …… (64)
实训任务十一 直接剪切试验 …… (71)
实训任务十二 三轴压缩试验 …… (78)
实训任务十三 无黏性土休止角试验 …… (89)
实训任务十四 承载比试验 …… (95)
实训任务十五 回弹模量试验 …… (104)
实训任务十六 黄土湿陷性试验 …… (111)
实训情景二 现场土工试验 …… (117)
实训任务一 原位密度试验 …… (118)
实训任务二 原位直接剪切试验 …… (124)
实训任务三 标准贯入试验 …… (131)
实训任务四 静力触探试验 …… (138)
实训任务五 动力触探试验 …… (145)
实训任务六 载荷试验 …… (152)
实训情景三 岩石试验 …… (159)
实训任务一 含水率试验 …… (160)
实训任务二 吸水率试验 …… (166)
实训任务三 颗粒密度试验 …… (173)
实训任务四 块体密度试验 …… (180)
实训任务五 冻融试验 …… (189)

实训任务六　单轴抗压强度试验 …………………………………………………………（196）
实训任务七　单轴压缩变形试验 …………………………………………………………（203）
实训任务八　三轴压缩强度试验 …………………………………………………………（213）
实训任务九　直剪强度试验 ………………………………………………………………（220）
实训任务十　岩块声波测试 ………………………………………………………………（229）
实训任务十一　岩体声波测试 ……………………………………………………………（236）
实训情景四　岩土的工程分类与简易鉴别 ………………………………………………（245）
实训任务一　岩土的工程分类 ……………………………………………………………（246）
实训任务二　岩土的简易鉴别 ……………………………………………………………（256）
附　件 …………………………………………………………………………………（265）
附件一　土样的验收和管理 ………………………………………………………………（265）
附件二　试验检测数值修约方法 …………………………………………………………（266）
附件三　试验资料整理与试验报告 ………………………………………………………（269）
参考文献 ………………………………………………………………………………（271）

实训情景一

室内土工试验

知者行之始,行者知之成。真知即所以为行,不行不足谓之知。未有知而不行者,知而不行只是未知。

——明 · 王阳明

实训任务一　扰动土试样制备

1　学生工作任务单

<table>
<tr><td>实训情景一</td><td colspan="2">室内土工试验</td><td>日期</td><td></td></tr>
<tr><td>实训任务一</td><td colspan="2">扰动土试样制备</td><td>学时</td><td>2</td></tr>
<tr><td>工作任务</td><td colspan="4">进行细粒扰动土的试样制备</td></tr>
<tr><td>知识充电站</td><td colspan="4">土工试验的作用、目的和项目微课
码 1-1</td></tr>
<tr><td rowspan="3">学习目标</td><td>素质目标</td><td colspan="3">1. 实训前必须熟悉实训作业手册。
2. 按时、按步骤完成当天的实训任务。
3. 实训室应保持肃静,组员间沟通讨论应低声交流,不得谈笑喧哗,不许搞其他动作,以免影响他人实训。
4. 实训过程中,不得抄写他人的实训记录;否则,须重做。如有疑问,应向指导教师询问清楚后方可进行。
5. 实训结束后负责整理仪器设备,打扫实训室,保持室内整洁,注意关闭电源、门窗</td></tr>
<tr><td>知识目标</td><td colspan="3">1. 了解试样制备的目的、适用范围。
2. 了解试样制备的各种仪器并熟练操作。
3. 掌握试样制备的操作步骤和注意事项。
4. 掌握试样制备表格的填写。
5. 理解试样制备过程中的注意事项</td></tr>
<tr><td>能力目标</td><td colspan="3">1. 能够制作出符合试验条件的试样并进行描述。
2. 能够熟练使用试验设备。
3. 能够熟练掌握试验原理及试验步骤。
4. 能够进行试验结果计算并填写试验表格。
5. 能够完成对试验结果的判定</td></tr>
<tr><td>工作流程</td><td colspan="4">试样预备(土样描述→风干→碾散→过筛→配置土样含水率→测定试样含水率)→试样制备(击样、击实和压样)→填写表格</td></tr>
<tr><td>参考资料</td><td colspan="4">1.《公路土工试验规程》(JTG 3430—2020)。
2.《土工试验方法标准》(GB/T 50123—2019)。
3.《土的工程分类标准》(GB/T 50145—2007)</td></tr>
</table>

2　学习引导单

<table>
<tr><td>实训情景一</td><td colspan="2">室内土工试验</td><td>日期</td><td colspan="2"></td></tr>
<tr><td>实训任务一</td><td colspan="2">扰动土试样制备</td><td>学时</td><td colspan="2">2</td></tr>
<tr><td>仪器设备</td><td colspan="5">细筛、洗筛、台秤、天平、碎土器、击实器、饱和器、抽气设备、烘箱、干燥器、保湿器、研钵、木碾、橡皮板、切土刀、钢丝锯、凡士林、喷雾器、玻璃缸、称量盒等</td></tr>
<tr><td>技能充电站</td><td colspan="5">扰动土试样制备试验视频
码 1-2</td></tr>
<tr><td>序号</td><td colspan="2">工作步骤</td><td colspan="2">主要仪器设备</td><td>备注</td></tr>
<tr><td>1</td><td>扰动土试样预备</td><td>1. 对扰动土试样进行状态描述(颜色、土类、气味及夹杂物等)。
2. 将扰动土风干,放在橡皮板上用木碾或碎土器碾散,碾散时勿压碎颗粒。
3. 根据试验所需试样数量,将碾散后的土样过筛。过筛后用四分对角取样法或分砂器,取出足够数量的代表性试样,并测定风干含水率。
4. 将 1~5 kg 过筛的风干土,平铺在不吸水的盘内,用喷雾器喷洒预计的加水量,静置一段时间,装入玻璃缸内密封,湿润一昼夜备用。
5. 测定湿土试样不同位置的含水率,取样点不应少于 2 个,最大允许差值应为±1%</td><td colspan="2">
圆孔筛
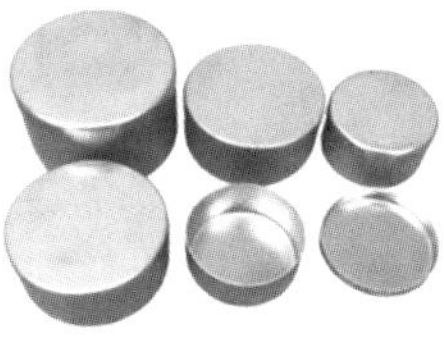
称量盒</td><td>物理性试验的土样过 0.5 mm 筛,击实试验的土样过 5 mm 或 20 mm 筛,直剪及固结试验扰动土过 2 mm 筛。筛孔径的大小取决于试验所用仪器的容器大小</td></tr>
<tr><td>2</td><td>试验步骤</td><td>1. 根据试样所要求的干密度、含水率,计算制备湿土试样的用量。
2. 将湿土试样倒入模具或击实器内,将土样击实到所需的密度</td><td colspan="2">
击实器</td><td></td></tr>
<tr><td>3</td><td>结果计算</td><td colspan="4">1. 制备扰动土试样所需总土质量:
$$m = (1 + 0.01\omega_0)\rho_d V$$
式中　m——制备扰动土试样所需土质量, g;
ρ_d——制备扰动土试样所要求的干密度, g/cm^3;
V——环刀或计算的击实筒容积,cm^3;
ω_0——风干含水率(%)。
2. 制备扰动土样应增加的水量
$$\Delta m_w = 0.01(\omega' - \omega_0)\rho_d V$$
式中　Δm_w——制备扰动土样应增加的水量, g;
ω'——制备扰动土样所要求的含水率(%)。</td></tr>
</table>

4	试验记录	包括要制备的土的干密度和含水率标准，环刀或计算的击实筒容积，所需土质量及增加水量，试样制备的密度、含水率、干密度及与制备标准之差等
注意事项		1. 试样制备的扰动土的颗粒粒径应小于 60 mm。 2. 试样制备的数量视试验需要而定，应多制备 1～2 个备用。扰动土试样制备密度、含水率与制备标准之间最大允许差值应分别为±0.02 g/cm^3 与±1%；扰动土平行试验或一组内各试样之间最大允许差值应分别为±0.02 g/cm^3 与±1%。 3. 扰动土试样制备视工程实际情况可分别采用击样法、击实法和压样法，目前常用击样法
思考与练习		1. 什么是扰动土？ 2. 土样为什么要在橡皮板上用木碾或碎土器碾散？ 3. 如何对试样土样进行状态描述？

3　试验成果单

实训情景一	室内土工试验	日期	
实训任务一	扰动土试样制备	学时	2
工程实例	×××工程扰动土试样制备样表 码 1-3		
小组成员		班级 第(　　)组	
试验记录计算表	扰动土试样制备记录表（见下表）		

扰动土试样制备记录表

任务单号			试验者		
试验日期			计算者/校核者		

	试样编号	1	2	3	4	5	…
制备标准	干密度 ρ_d/(g/cm^3)						
	含水率 ω'/%						
所需土的质量及增加水量的计算	环刀或计算的击实筒容积 V/cm^3						
	干土质量 m_d/g						
	风干含水率 ω_0/%						
	湿土质量 m_0/g						
	增加的水量 Δm_w/g						
	所需土质量 m/g						
试样制备	制备方法						
	环刀质量/g						
	环刀加湿土质量/g						
	湿土质量 m_0/g						
	密度 ρ/(g/cm^3)						
	含水率 ω/%						
	干密度 ρ_d/(g/cm^3)						
与制备标准之差	干密度 ρ_d/(g/cm^3)						
	含水率 ω/%						
	备注						

4　任务评价单

<table>
<tr><td>实训情景一</td><td colspan="3">室内土工试验</td><td>日期</td><td></td></tr>
<tr><td>实训任务一</td><td colspan="3">扰动土试样制备</td><td>学时</td><td>2</td></tr>
<tr><td>评价对象</td><td>评价项目</td><td>评价分值</td><td>评价得分</td><td colspan="2">评分依据</td></tr>
<tr><td rowspan="5">自我评价
(____分)</td><td>完成情况</td><td>20</td><td></td><td colspan="2">按要求完成实训任务</td></tr>
<tr><td>仪器使用</td><td>20</td><td></td><td colspan="2">正确规范操作仪器、爱护仪器</td></tr>
<tr><td>精度速度</td><td>30</td><td></td><td colspan="2">成果满足要求、精益求精、按时完成</td></tr>
<tr><td>实训纪律</td><td>10</td><td></td><td colspan="2">按时实训、遵守课堂纪律</td></tr>
<tr><td>团结合作</td><td>20</td><td></td><td colspan="2">服从安排、能配合其他组员工作</td></tr>
<tr><td rowspan="4">小组评价
(____分)</td><td>实训纪律</td><td>20</td><td></td><td colspan="2">不迟到、不早退</td></tr>
<tr><td>安全操作</td><td>20</td><td></td><td colspan="2">安全操作仪器、仪器未损坏</td></tr>
<tr><td>工作态度</td><td>20</td><td></td><td colspan="2">学习积极主动、有责任心</td></tr>
<tr><td>团队精神</td><td>40</td><td></td><td colspan="2">接受工作分配、有效沟通、主动帮助</td></tr>
<tr><td rowspan="6">教师评价
(____分)</td><td>操作程序</td><td>20</td><td></td><td colspan="2">操作程序正确、动作规范</td></tr>
<tr><td>操作速度</td><td>20</td><td></td><td colspan="2">操作速度快、按时完成实训任务</td></tr>
<tr><td>操作精度</td><td>20</td><td></td><td colspan="2">成果满足规范要求</td></tr>
<tr><td>数据记录</td><td>10</td><td></td><td colspan="2">记录规范完整,无转抄、涂改、抄袭现象</td></tr>
<tr><td>团结合作</td><td>20</td><td></td><td colspan="2">服从组长安排、能配合其他组员工作</td></tr>
<tr><td>实训纪律</td><td>10</td><td></td><td colspan="2">按时实训、遵守课堂纪律</td></tr>
<tr><td>最终得分</td><td colspan="5"></td></tr>
<tr><td>学生姓名</td><td colspan="2"></td><td>第(　　)组</td><td>组长签字</td><td></td></tr>
<tr><td>班　　级</td><td colspan="3"></td><td>教师签字</td><td></td></tr>
<tr><td>教师评语</td><td colspan="5"></td></tr>
</table>

5　教学反馈单

<table>
<tr><td colspan="2">实训情景一</td><td>室内土工试验</td><td>日期</td><td></td></tr>
<tr><td colspan="2">实训任务一</td><td>扰动土试样制备</td><td>学时</td><td>2</td></tr>
<tr><td rowspan="5">学生
学习
反馈</td><td>1</td><td>我学到的知识点有</td><td colspan="2"></td></tr>
<tr><td>2</td><td>我掌握的技能点有</td><td colspan="2"></td></tr>
<tr><td>3</td><td>我不理解的地方有</td><td colspan="2"></td></tr>
<tr><td>4</td><td>我认为还需要深入学习和提高的地方有</td><td colspan="2"></td></tr>
<tr><td>5</td><td>在本次工作任务中，我的综合表现是</td><td colspan="2">☆☆☆☆☆＿＿＿＿
☆☆☆☆＿＿＿＿
☆☆☆＿＿＿＿</td></tr>
<tr><td colspan="5">我对老师本次教学的改进意见是：</td></tr>
<tr><td colspan="2">学生姓名</td><td></td><td>班级</td><td></td></tr>
</table>

实训任务二　颗粒分析试验

1　学生工作任务单

<table>
<tr><td colspan="2">实训情景一</td><td>室内土工试验</td><td>日期</td><td></td></tr>
<tr><td colspan="2">实训任务二</td><td>颗粒分析试验</td><td>学时</td><td>2</td></tr>
<tr><td colspan="2">工作任务</td><td colspan="3">进行筛析法颗粒分析试验(粒径 0.075~60 mm)</td></tr>
<tr><td colspan="2">知识充电站</td><td colspan="3">土的颗粒级配微课
码 1-4</td></tr>
<tr><td rowspan="3">学习目标</td><td>素质目标</td><td colspan="3">1. 实训前必须熟悉实训作业手册。
2. 按时、按步骤完成当天的实训任务。
3. 实训室应保持肃静,组员间沟通讨论应低声交流,不得谈笑喧哗,不许搞其他动作,以免影响他人实训。
4. 实训过程中,不得抄写他人的实训记录;否则,须重做。如有疑问,应向指导教师询问清楚后方可进行。
5. 实训结束后负责整理仪器设备,打扫实训室,保持室内整洁,注意关闭电源、门窗</td></tr>
<tr><td>知识目标</td><td colspan="3">1. 了解土颗粒级配的概念及其工程意义。
2. 了解颗粒分析试验的方法分类。
3. 掌握筛析法颗粒分析试验的操作步骤。
4. 掌握筛析法颗粒分析试验表格填写和数据处理。
5. 理解筛析法颗粒分析试验中的注意事项</td></tr>
<tr><td>能力目标</td><td colspan="3">1. 能够运用筛析法进行颗粒分析并确定级配指标。
2. 能够熟练使用试验设备。
3. 能够熟练掌握试验原理及试验步骤。
4. 能够进行试验结果计算并填写试验表格。
5. 能够绘制颗粒大小分布曲线,并对土样级配进行判定</td></tr>
<tr><td colspan="2">工作流程</td><td colspan="3">四分法取代表性试样→筛析法进行颗粒分析→结果计算→绘制颗粒大小分布曲线→填写表格→级配判定</td></tr>
<tr><td colspan="2">参考资料</td><td colspan="3">1.《公路土工试验规程》(JTG 3430—2020)。
2.《土工试验方法标准》(GB/T 50123—2019)。
3.《土的工程分类标准》(GB/T 50145—2007)。
4.《试验筛　技术要求和检验　第 1 部分:金属丝编织网试验筛》(GB/T 6003.1—2022)。
5.《实验室用标准筛振荡机技术条件》(DZ/T 0118—1994)</td></tr>
</table>

2　学习引导单

<table>
<tr><td>实训情景一</td><td colspan="2">室内土工试验</td><td>日期</td><td></td></tr>
<tr><td>实训任务二</td><td colspan="2">颗粒分析试验</td><td>学时</td><td>2</td></tr>
<tr><td>仪器设备</td><td colspan="4">试验筛(粗筛和细筛)、天平、台秤、振筛机、烘箱、研钵、瓷盘、毛刷、木碾、量筒、漏斗、瓷杯、匙</td></tr>
<tr><td>技能充电站</td><td colspan="4">筛析法颗粒分析试验视频
码 1-5</td></tr>
</table>

<table>
<tr><td>序号</td><td colspan="2">工作步骤</td><td>主要仪器设备</td><td>备注</td></tr>
<tr><td>1</td><td>试样
取样</td><td>从风干、松散的土样中,用四分法按规定取出代表性试样:①最大粒径小于 2 mm 的土取 100~300 g;②最大粒径小于 10 mm 的土取 300~1 000 g;③最大粒径小于 20 mm 的土取 1 000~2 000 g;④最大粒径小于 40 mm 的土取 2 000~4 000 g;⑤最大粒径小于 60 mm 的土取 4 000 g 以上</td><td rowspan="2">
试验筛

振筛机
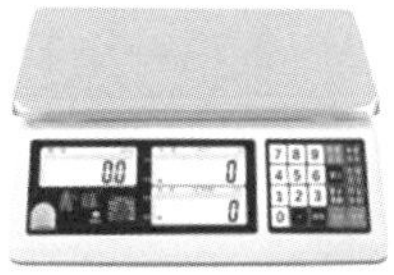
台秤</td><td>取样按规定称量准确至 0.1 g;当试样质量多于 500 g 时,准确至 1 g</td></tr>
<tr><td>2</td><td>试验
步骤</td><td>砂砾土筛析:
1. 将试样过 2 mm 细筛,分别称出筛上和筛下土质量,若 2 mm 筛下土的质量小于试样总质量的 10%,则可省略细筛筛析;若 2 mm 筛上土的质量小于试样总质量的 10%,则可省略粗筛筛析。
2. 取 2 mm 筛上试样倒入依次叠好的粗筛的最上层筛中;取 2 mm 筛下试样倒入依次叠好的细筛的最上层筛中,进行筛析。细筛宜放在振筛机上震摇,震摇时间一般为 10~15 min。
3. 由最大孔径筛开始,顺序将各筛取下,在白纸上用手轻叩摇晃,如仍有土粒漏下,应继续轻叩摇晃,至无土粒漏下。漏下的土粒应全部放入下级筛中,并将留在各筛上的试样分别称重,当试样小于 500 g 时,准确至 0.1 g</td><td>筛前试样总质量与筛后各级筛上和筛下试样质量的总和的差值不得大于试样总质量的 1%</td></tr>
</table>

2	试验步骤	含有黏土粒的砂砾土: 1.将土样放在橡皮板上用木碾将黏结的土团充分碾散,用四分法按工作步骤1规定称取代表性试样,置于盛有清水的瓷盆中,用搅棒搅拌,使土样充分浸润和粗细颗粒分离。 2.将浸润后的混合液过2 mm细筛,边搅拌边冲洗边过筛,直至筛上仅留粒径大于2 mm的土粒。然后将筛上的土风干称量,准确至0.1 g。按砂砾土规定进行粗筛筛析。 3.先用带橡皮头的研杵研磨粒径小于2 mm的混合液,待稍沉淀,将上部悬液过0.075 mm的筛。再向瓷盆加清水研磨,静置过筛,如此反复,直至盆内悬液澄清。最后将全部土料倒在0.075 mm筛上,用水冲洗,直至筛上仅留粒径大于0.075 mm的净砂。 4.将粒径大于0.075 mm的净砂烘干称量,准确至0.01 g,并按砂砾土规定进行细筛筛析。 5.将粒径大于2 mm的土和粒径为2~0.075 mm的土的质量从原取土总质量中减去,即得粒径小于0.075 mm的土的质量。 6.当粒径小于0.075 mm的试样质量大于试样总质量的10%时,应采用密度计法或移液管法测定小于0.075 mm的颗粒组成		
3	结果计算	计算小于某粒径的试样质量占试样总质量的百分数: $$X=\frac{m_A}{m_B}d_x$$ 式中 X——小于某粒径的试样质量占试样总质量的百分数(%); m_A——小于某粒径的试样质量,g; m_B——细筛分析时或用密度计法分析时所取试样质量(粗筛分析时则为试样总质量),g; d_x——粒径小于2 mm或粒径小于0.075 mm的试样质量占试样总质量的百分数(%)。		以小于某粒径的试样质量占试样总质量的百分数为纵坐标、土粒粒径为横坐标,在单对数坐标上即可绘制颗粒大小分布曲线

4	试验记录	包括筛号、孔径、累积留筛土质量、小于某粒径的试样质量、小于某粒径的试样质量百分数、小于某粒径的试样质量占试样总质量的百分数等
注意事项		1. 对于粒径为 0. 075 ~ 60 mm 的土,适用筛析法进行颗粒分析;对于粒径小于 0. 075 mm 的土,适用密度计法或移液管法进行颗粒分析。 2. 若土中粗细颗粒兼有,则应联合使用筛析法和密度计法或移液管法
思考与练习		1. 何为四分法取样? 2. 试验时当试样总质量与留筛土质量不吻合时如何处理? 3. 颗粒分析试验有几种方法? 适用范围分别是什么?

3　试验成果单

实训情景一	室内土工试验	日期	
实训任务二	颗粒分析试验	学时	2
工程实例	×××工程土颗粒分析试验样表 码 1-6		
小组成员		班级 第(　　)组	
试验记录计算表	见下表		

颗粒分析试验记录表(筛析法)

试样说明		试验者	
天平编号		计算者	
试样编号		校核者	

风干土质量=____ g　粒径小于 0.075 mm 的土占试样总质量的百分数=____%
2 mm 筛上土质量=____ g　粒径小于 2 mm 的土占试样总质量的百分数=____%
2 mm 筛下土质量=____ g　细筛分析时所取试样质量=____ g

筛号	孔径/mm	留筛土质量/g	累积留筛土质量/g	小于该粒径的试样质量/g	小于该粒径的试样质量百分数/%	小于该粒径的试样质量占试样总质量的百分数 X/%
底盘总计						

试验绘图	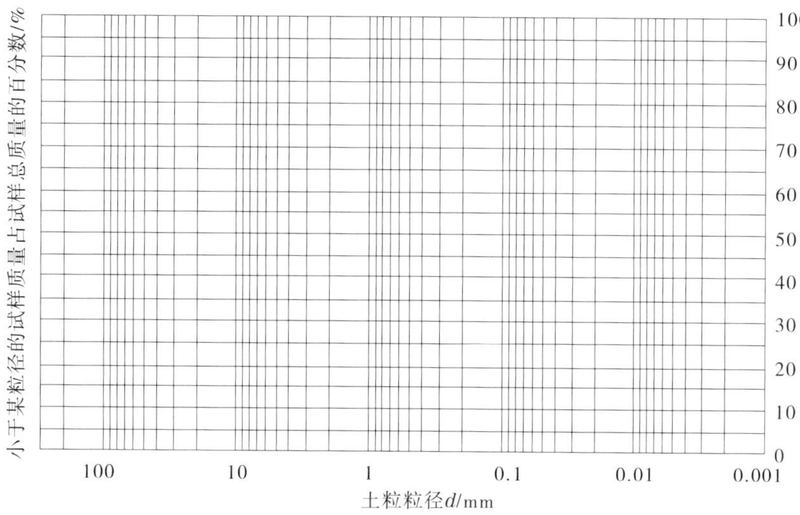 **颗粒大小分布曲线**
试验结论	不均匀系数 $C_u=\frac{d_{60}}{d_{10}}=$ ________ 式中 C_u——不均匀系数； d_{60}——限制粒径，mm，在粒径分布曲线上小于该粒径的土含量占试样总质量的60%的粒径； d_{10}——有效粒径，mm，在粒径分布曲线上小于该粒径的土含量占试样总质量的10%的粒径。 曲率系数 $C_c=\frac{d_{30}^2}{d_{60}d_{10}}=$ ________ 式中 C_c——曲率系数； d_{30}——在粒径分布曲线上小于该粒径的土含量占试样总质量的30%的粒径。 土样级配状况：________ 土样定名：________

4 任务评价单

<table>
<tr><td>实训情景一</td><td colspan="3">室内土工试验</td><td>日期</td><td></td></tr>
<tr><td>实训任务二</td><td colspan="3">颗粒分析试验</td><td>学时</td><td>2</td></tr>
<tr><td>评价对象</td><td>评价项目</td><td>评价分值</td><td>评价得分</td><td colspan="2">评分依据</td></tr>
<tr><td rowspan="5">自我评价
(____分)</td><td>完成情况</td><td>20</td><td></td><td colspan="2">按要求完成实训任务</td></tr>
<tr><td>仪器使用</td><td>20</td><td></td><td colspan="2">正确规范操作仪器、爱护仪器</td></tr>
<tr><td>精度速度</td><td>30</td><td></td><td colspan="2">成果满足要求、精益求精、按时完成</td></tr>
<tr><td>实训纪律</td><td>10</td><td></td><td colspan="2">按时实训、遵守课堂纪律</td></tr>
<tr><td>团结合作</td><td>20</td><td></td><td colspan="2">服从安排、能配合其他组员工作</td></tr>
<tr><td rowspan="4">小组评价
(____分)</td><td>实训纪律</td><td>20</td><td></td><td colspan="2">不迟到、不早退</td></tr>
<tr><td>安全操作</td><td>20</td><td></td><td colspan="2">安全操作仪器、仪器未损坏</td></tr>
<tr><td>工作态度</td><td>20</td><td></td><td colspan="2">学习积极主动、有责任心</td></tr>
<tr><td>团队精神</td><td>40</td><td></td><td colspan="2">接受工作分配、有效沟通、主动帮助</td></tr>
<tr><td rowspan="6">教师评价
(____分)</td><td>操作程序</td><td>20</td><td></td><td colspan="2">操作程序正确、动作规范</td></tr>
<tr><td>操作速度</td><td>20</td><td></td><td colspan="2">操作速度快、按时完成实训任务</td></tr>
<tr><td>操作精度</td><td>20</td><td></td><td colspan="2">成果满足规范要求</td></tr>
<tr><td>数据记录</td><td>10</td><td></td><td colspan="2">记录规范完整，无转抄、涂改、抄袭现象</td></tr>
<tr><td>团结合作</td><td>20</td><td></td><td colspan="2">服从组长安排、能配合其他组员工作</td></tr>
<tr><td>实训纪律</td><td>10</td><td></td><td colspan="2">按时实训、遵守课堂纪律</td></tr>
<tr><td>最终得分</td><td colspan="5"></td></tr>
<tr><td>学生姓名</td><td colspan="2"></td><td>第(　　)组</td><td>组长签字</td><td></td></tr>
<tr><td>班　　级</td><td colspan="3"></td><td>教师签字</td><td></td></tr>
<tr><td>教师评语</td><td colspan="5"></td></tr>
</table>

5　教学反馈单

<table>
<tr><td colspan="2">实训情景一</td><td>室内土工试验</td><td>日期</td><td></td></tr>
<tr><td colspan="2">实训任务二</td><td>颗粒分析试验</td><td>学时</td><td>2</td></tr>
<tr><td rowspan="5">学生
学习
反馈</td><td>1</td><td>我学到的知识点有</td><td colspan="2"></td></tr>
<tr><td>2</td><td>我掌握的技能点有</td><td colspan="2"></td></tr>
<tr><td>3</td><td>我不理解的地方有</td><td colspan="2"></td></tr>
<tr><td>4</td><td>我认为还需要深入学习和提高的地方有</td><td colspan="2"></td></tr>
<tr><td>5</td><td>在本次工作任务中,我的综合表现是</td><td colspan="2">☆☆☆☆☆____
☆☆☆☆____
☆☆☆____</td></tr>
<tr><td colspan="5">我对老师本次教学的改进意见是:</td></tr>
<tr><td colspan="2">学生姓名</td><td></td><td>班级</td><td></td></tr>
</table>

实训任务三　含水率试验

1　学生工作任务单

<table>
<tr><td colspan="2">实训情景一</td><td>室内土工试验</td><td>日期</td><td></td></tr>
<tr><td colspan="2">实训任务三</td><td>含水率试验</td><td>学时</td><td>2</td></tr>
<tr><td colspan="2">工作任务</td><td colspan="3">采用烘干法测定指定土样的含水率</td></tr>
<tr><td colspan="2">知识充电站</td><td colspan="3">土中的水微课
码 1-7</td></tr>
<tr><td rowspan="3">学习目标</td><td>素质目标</td><td colspan="3">1. 实训前必须熟悉实训作业手册。
2. 按时、按步骤完成当天的实训任务。
3. 实训室应保持肃静，组员间沟通讨论应低声交流，不得谈笑喧哗，不许搞其他动作，以免影响他人实训。
4. 实训过程中，不得抄写他人的实训记录；否则，须重做。如有疑问，应向指导教师询问清楚后方可进行。
5. 实训结束后负责整理仪器设备，打扫实训室，保持室内整洁，注意关闭电源、门窗</td></tr>
<tr><td>知识目标</td><td colspan="3">1. 理解含水率的定义及试验原理。
2. 掌握含水率试件的制作及试件描述。
3. 掌握含水率试验步骤。
4. 掌握含水率试验成果整理。
5. 掌握含水率试验表格的填写。
6. 理解含水率试验过程中的注意事项</td></tr>
<tr><td>能力目标</td><td colspan="3">1. 能够制出符合试验条件的试样并进行描述。
2. 能够熟练使用试验设备。
3. 能够熟练掌握试验原理及试验步骤。
4. 能够进行试验结果计算并填写试验表格。
5. 能够完成对试验结果的判定</td></tr>
<tr><td colspan="2">工作流程</td><td colspan="3">取代表性试样→测定试样含水率→结果计算→填写表格</td></tr>
<tr><td colspan="2">参考资料</td><td colspan="3">1.《公路土工试验规程》(JTG 3430—2020)。
2.《土工试验方法标准》(GB/T 50123—2019)</td></tr>
</table>

2　学习引导单

<table>
<tr><td>实训情景一</td><td colspan="3">室内土工试验</td><td>日期</td><td></td></tr>
<tr><td>实训任务三</td><td colspan="3">含水率试验</td><td>学时</td><td>2</td></tr>
<tr><td>仪器设备</td><td colspan="5">电烘箱、电子天平、干燥器、称量盒</td></tr>
<tr><td>技能充电站</td><td colspan="5">含水率试验视频
码 1-8</td></tr>
<tr><td>序号</td><td colspan="2">工作步骤</td><td>主要仪器设备</td><td colspan="2">备注</td></tr>
<tr><td>1</td><td>试样取样</td><td>1. 称量盒质量。
2. 取代表性试样：细粒土 15~30 g、砂类土 50~100 g、砂砾石 2~5 kg。将试样放入称量盒内，立即盖好盒盖称量，细粒土、砂类土称量应准确至 0.01 g，砂砾石称量应准确至 1 g</td><td>
电子天平</td><td colspan="2">当使用恒质量盒时，可先将其放置在电子天平或电子台秤上清零，再称量装有试样的恒质量盒，称量结果即为湿土质量</td></tr>
<tr><td>2</td><td>试验步骤</td><td>1. 揭盖烘干。打开盒盖，将试样和盒放入烘箱，在 105~110 ℃下烘至恒重。
2. 冷却称量。将试样和盒取出，盖好盒盖放入干燥器内冷却至室温，称出盒与干土的质量</td><td>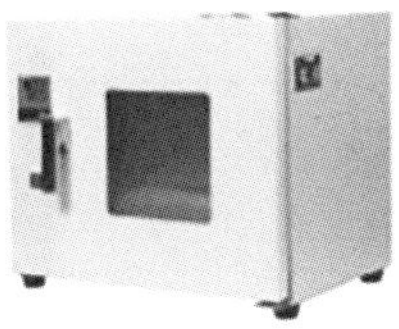
电烘箱

干燥器</td><td colspan="2">烘干时间随土质不同而定，砂类土不少于 6 h，黏质土不少于 8 h，对于有机质含量为 5%~10%的土，应将温度控制在 65~70 ℃的恒温下烘至恒重</td></tr>
<tr><td>3</td><td>结果计算</td><td>含水率按下式计算：
$$\omega=\left(\frac{m_0}{m_d}-1\right)\times 100$$
式中　ω——含水率，计算至 0.1%；
m_0——湿土质量，g；
m_d——干土质量，g。</td><td colspan="3">含水率试验需进行两次平行测定，取其算术平均值，最大允许平行差值见下表。
<table><tr><td>含水率/%</td><td>最大允许平行差值/%</td></tr><tr><td><10</td><td>±0.5</td></tr><tr><td>10~40</td><td>±1.0</td></tr><tr><td>>40</td><td>±2.0</td></tr></table></td></tr>
<tr><td>4</td><td>试验记录</td><td colspan="4">包括试样编号、试样说明、称量盒号、天平编号、烘箱编号、试验人员、试验日期、水分质量、干土质量等</td></tr>
</table>

注意事项	1. 为了测定准确的含水率,注意取样方法,并在取样后立即封好,尽快测试。 2. 注意烘干至恒量的标准判断。 3. 在要求快速测定含水率或无烘箱设备时,可采用酒精燃烧法(适用于测定细粒土)。土中有机质含量不宜大于干土质量的 5%,当有机质(泥炭、腐殖质及其他)含量为 5%~10%,仍允许采用《土工试验方法标准》(GB/T 50123—2019)进行试验,但需注明有机质含量
思考与练习	1. 烘干法与酒精燃烧法的区别是什么? 2. 烘干法为什么选用恒温烘箱,并且温度控制在 105~110 ℃? 3. 为什么将烘干后的试样取出后立即放入干燥器内冷却至室温方可称量?

3　试验成果单

实训情景一	室内土工试验	日期	
实训任务三	含水率试验	学时	2
工程实例	×××工程土样含水率试验样表 码 1-9		
小组成员		班级 第(　　)组	
试验记录计算表	含水率试验记录表（见下表）		

含水率试验记录表

试样说明			试验者			
天平编号			计算者			
烘箱编号			校核者			
试样编号						
试样说明						
盒号						
盒质量/g						
盒加湿土质量/g						
盒加干土质量/g						
水分质量/g						
干土质量 m_d/g						
含水率 ω/%						
平均含水率 $\overline{\omega}$/%						

4　任务评价单

实训情景一	室内土工试验			日期	
实训任务三	含水率试验			学时	4
评价对象	评价项目	评价分值	评价得分	评分依据	
自我评价（____分）	完成情况	20		按要求完成实训任务	
	仪器使用	20		正确规范操作仪器、爱护仪器	
	精度速度	30		成果满足要求、精益求精、按时完成	
	实训纪律	10		按时实训、遵守课堂纪律	
	团结合作	20		服从安排、能配合其他组员工作	
小组评价（____分）	实训纪律	20		不迟到、不早退	
	安全操作	20		安全操作仪器、仪器未损坏	
	工作态度	20		学习积极主动、有责任心	
	团队精神	40		接受工作分配、有效沟通、主动帮助	
教师评价（____分）	操作程序	20		操作程序正确、动作规范	
	操作速度	20		操作速度快、按时完成实训任务	
	操作精度	20		成果满足规范要求	
	数据记录	10		记录规范完整，无转抄、涂改、抄袭现象	
	团结合作	20		服从组长安排、能配合其他组员工作	
	实训纪律	10		按时实训、遵守课堂纪律	
最终得分					
学生姓名			第(　　)组	组长签字	
班　　级				教师签字	
教师评语					

5　教学反馈单

<table>
<tr><td>实训情景一</td><td colspan="2">室内土工试验</td><td>日期</td><td></td></tr>
<tr><td>实训任务三</td><td colspan="2">含水率试验</td><td>学时</td><td>2</td></tr>
<tr><td rowspan="5">学生学习反馈</td><td>1</td><td>我学到的知识点有</td><td colspan="2"></td></tr>
<tr><td>2</td><td>我掌握的技能点有</td><td colspan="2"></td></tr>
<tr><td>3</td><td>我不理解的地方有</td><td colspan="2"></td></tr>
<tr><td>4</td><td>我认为还需要深入学习和提高的地方有</td><td colspan="2"></td></tr>
<tr><td>5</td><td>在本次工作任务中,我的综合表现是</td><td colspan="2">☆☆☆☆☆
☆☆☆☆
☆☆☆</td></tr>
<tr><td colspan="5">我对老师本次教学的改进意见是：</td></tr>
<tr><td>学生姓名</td><td colspan="2"></td><td>班级</td><td></td></tr>
</table>

实训任务四　密度试验

1　学生工作任务单

<table>
<tr><td colspan="2">实训情景一</td><td>室内土工试验</td><td>日期</td><td></td></tr>
<tr><td colspan="2">实训任务四</td><td>密度试验</td><td>学时</td><td>2</td></tr>
<tr><td colspan="2">工作任务</td><td colspan="3">采用环刀法测定土样的密度</td></tr>
<tr><td colspan="2">知识充电站</td><td colspan="3">土的密度微课
码 1-10</td></tr>
<tr><td rowspan="3">学习目标</td><td>素质目标</td><td colspan="3">1. 实训前必须熟悉实训作业手册。
2. 按时、按步骤完成当天的实训任务。
3. 实训室应保持肃静，组员间沟通讨论应低声交流，不得谈笑喧哗，不许搞其他动作，以免影响他人实训。
4. 实训过程中，不得抄写他人的实训记录；否则，须重做。如有疑问，应向指导教师询问清楚后方可进行。
5. 实训结束后负责整理仪器设备，打扫实训室，保持室内整洁，注意关闭电源、门窗</td></tr>
<tr><td>知识目标</td><td colspan="3">1. 了解密度的定义、试验方法及其适用范围。
2. 了解密度试验的各种仪器和操作方法。
3. 掌握环刀法的原理和操作步骤。
4. 掌握密度试验表格填写和数据处理。
5. 理解密度试验过程中的注意事项</td></tr>
<tr><td>能力目标</td><td colspan="3">1. 能够按要求取原状土或扰动土试样。
2. 能够熟练使用试验设备。
3. 能够熟练掌握密度试验原理及试验步骤。
4. 能够正确进行密度试验结果计算并填写试验表格。
5. 能够完成对试验结果的判定</td></tr>
<tr><td colspan="2">工作流程</td><td colspan="3">取代表性试样→测定试样密度→结果计算→填写表格</td></tr>
<tr><td colspan="2">参考资料</td><td colspan="3">1.《公路土工试验规程》(JTG 3430—2020)。
2.《土工试验方法标准》(GB/T 50123—2019)。
3.《土的工程分类标准》(GB/T 50145—2007)。
4.《岩土工程仪器基本参数及通用技术条件》(GB/T 15406—2007)</td></tr>
</table>

2　学习引导单

<table>
<tr><td>实训情景一</td><td colspan="3">室内土工试验</td><td>日期</td><td></td></tr>
<tr><td>实训任务四</td><td colspan="3">密度试验</td><td>学时</td><td>2</td></tr>
<tr><td>仪器设备</td><td colspan="5">环刀、切土刀、钢丝锯、凡士林、玻璃片、玻璃板、电子天平</td></tr>
<tr><td>技能充电站</td><td colspan="5">密度试验视频
码 1-11</td></tr>
<tr><td>序号</td><td colspan="2">工作步骤</td><td>主要仪器设备</td><td colspan="2">备注</td></tr>
<tr><td>1</td><td>试样取样</td><td>按工程需要取原状土或人工制备所需状态的扰动土样，整平两端放在玻璃板上</td><td rowspan="2">
环刀、切土刀

电子天平</td><td colspan="2"></td></tr>
<tr><td>2</td><td>试验步骤</td><td>1. 记录环刀号码，称其质量。
2. 将环刀内壁涂一薄层凡士林，刀刃向下放在土样上，用切土刀将土样削成略大于环刀直径的土柱。
3. 将环刀垂直下压，边压边削，至土样上端伸出环刀，用切土刀或钢丝锯将两端余土削去修平，并在两端盖上玻璃片。
4. 擦净环刀外壁并移去玻璃片，称取环刀加土样质量</td><td colspan="2">盖玻璃片要及时，以免水分蒸发；削出土样留做含水率试验</td></tr>
<tr><td>3</td><td>结果计算</td><td colspan="2">$$\rho = \frac{m_0}{V} = \frac{m_2 - m_1}{V}$$
$$\rho_d = \frac{\rho}{1 + 0.01\omega}$$
式中　ρ——湿密度，精确至 0.01 g/cm^3；
ρ_d——干密度，精确至 0.01 g/cm^3；
m_0——湿土质量，g；
m_2——环刀加湿土质量，g；
m_1——环刀质量，g；
ω——含水率(%)；
V——环刀容积，cm^3。</td><td colspan="2">环刀法试验应进行两次平行测定，其最大允许平行差值应为±0.03 g/cm^3，试验结果取其算术平均值</td></tr>
</table>

4	试验记录	包括环刀质量和容积、湿土质量、湿密度、平均湿密度、含水率、干密度、平均干密度等
注意事项		1. 对于一般细粒土,宜采用环刀法;土样易碎裂,难以切削,可用蜡封法;对于现场粗粒土,可用灌水法或灌砂法。 2. 当平行差值超过允许范围时,需核实所取试样的代表性,如有异常,则重新进行测定;如无异常,则应分别列出两次测定结果以备选用
思考与练习		1. 原状土与扰动土取样有何区别? 2. 环刀法切取土样时为什么要边压边削? 3. 蜡封法测密度的原理是什么?

3　试验成果单

实训情景一	室内土工试验	日期	
实训任务四	密度试验	学时	2
工程实例	×××工程土样密度试验样表 码 1-12		
小组成员		班级 第(　　)组	
试验记录计算表	密度试验记录表(环刀法)（见下表）		

密度试验记录表(环刀法)

试样说明			试验者			
天平编号			计算者			
烘箱编号			校核者			
试样编号						
环刀号						
环刀质量 m_1/g						
环刀容积 V/cm^3						
环刀加湿土质量 m_2/g						
湿土质量 m_0/g						
湿密度 ρ/(g/cm^3)						
平均湿密度 $\bar{\rho}$/(g/cm^3)						
含水率 ω/%						
干密度 ρ_d/(g/cm^3)						
平均干密度 $\bar{\rho}_d$/(g/cm^3)						

4　任务评价单

实训情景一	室内土工试验			日期	
实训任务四	密度试验			学时	4
评价对象	评价项目	评价分值	评价得分	评分依据	
自我评价（____分）	完成情况	20		按要求完成实训任务	
	仪器使用	20		正确规范操作仪器、爱护仪器	
	精度速度	30		成果满足要求、精益求精、按时完成	
	实训纪律	10		按时实训、遵守课堂纪律	
	团结合作	20		服从安排、能配合其他组员工作	
小组评价（____分）	实训纪律	20		不迟到、不早退	
	安全操作	20		安全操作仪器、仪器未损坏	
	工作态度	20		学习积极主动、有责任心	
	团队精神	40		接受工作分配、有效沟通、主动帮助	
教师评价（____分）	操作程序	20		操作程序正确、动作规范	
	操作速度	20		操作速度快、按时完成实训任务	
	操作精度	20		成果满足规范要求	
	数据记录	10		记录规范完整，无转抄、涂改、抄袭现象	
	团结合作	20		服从组长安排、能配合其他组员工作	
	实训纪律	10		按时实训、遵守课堂纪律	
最终得分					
学生姓名			第（　　）组	组长签字	
班　　级				教师签字	
教师评语					

5　教学反馈单

<table>
<tr><td colspan="2">实训情景一</td><td>室内土工试验</td><td>日期</td><td></td></tr>
<tr><td colspan="2">实训任务四</td><td>密度试验</td><td>学时</td><td>2</td></tr>
<tr><td rowspan="5">学生
学习
反馈</td><td>1</td><td>我学到的知识点有</td><td colspan="2"></td></tr>
<tr><td>2</td><td>我掌握的技能点有</td><td colspan="2"></td></tr>
<tr><td>3</td><td>我不理解的地方有</td><td colspan="2"></td></tr>
<tr><td>4</td><td>我认为还需要深入学习和提高的地方有</td><td colspan="2"></td></tr>
<tr><td>5</td><td>在本次工作任务中,我的综合表现是</td><td colspan="2">☆☆☆☆☆
☆☆☆☆
☆☆☆</td></tr>
<tr><td colspan="5">我对老师本次教学的改进意见是:</td></tr>
<tr><td colspan="2">学生姓名</td><td></td><td>班级</td><td></td></tr>
</table>

实训任务五　比重试验

1　学生工作任务单

<table>
<tr><td colspan="2">实训情景一</td><td>室内土工试验</td><td>日期</td><td></td></tr>
<tr><td colspan="2">实训任务五</td><td>比重试验</td><td>学时</td><td>2</td></tr>
<tr><td colspan="2">工作任务</td><td colspan="3">采用比重瓶法对土粒进行比重测定</td></tr>
<tr><td colspan="2">知识充电站</td><td colspan="3">土的比重微课
码 1-13</td></tr>
<tr><td rowspan="3">学习目标</td><td>素质目标</td><td colspan="3">1. 实训前必须熟悉实训作业手册。
2. 按时、按步骤完成当天的实训任务。
3. 实训室应保持肃静，组员间沟通讨论应低声交流，不得谈笑喧哗，不许搞其他动作，以免影响他人实训。
4. 实训过程中，不得抄写他人的实训记录；否则，须重做。如有疑问，应向指导教师询问清楚后方可进行。
5. 实训结束后负责整理仪器设备，打扫实训室，保持室内整洁，注意关闭电源、门窗</td></tr>
<tr><td>知识目标</td><td colspan="3">1. 了解比重试验的目的、适用范围。
2. 了解比重试验的各种仪器并熟练操作。
3. 掌握比重试验的操作步骤和注意事项。
4. 掌握比重试验表格的填写。
5. 理解比重试验过程中的注意事项</td></tr>
<tr><td>能力目标</td><td colspan="3">1. 能够采用比重瓶法进行比重测定并进行描述。
2. 能够熟练确定土粒的比重。
3. 能够熟练掌握试验原理及试验步骤。
4. 能够进行试验结果计算并填写试验表格。
5. 能够完成对试验结果的判定</td></tr>
<tr><td colspan="2">工作流程</td><td colspan="3">仪器设备检定校准→取代表性试样按要求称重→填写表格→结果计算</td></tr>
<tr><td colspan="2">参考资料</td><td colspan="3">1.《土工试验方法标准》(GB/T 50123—2019)。
2.《土的工程分类标准》(GB/T 50145—2007)</td></tr>
</table>

2　学习引导单

<table>
<tr><td>实训情景一</td><td colspan="2">室内土工试验</td><td>日期</td><td></td></tr>
<tr><td>实训任务五</td><td colspan="2">比重试验</td><td>学时</td><td>2</td></tr>
<tr><td>仪器设备</td><td colspan="4">比重瓶、天平、恒温水槽、砂浴、真空抽气设备、温度计、烘箱、蒸馏水或中性液体、孔径 2 mm 或 5 mm 筛、漏斗、滴管</td></tr>
<tr><td>技能充电站</td><td colspan="4">比重试验(比重瓶法)视频
码 1-14</td></tr>
<tr><td>序号</td><td colspan="2">工作步骤</td><td>主要仪器设备</td><td>备注</td></tr>
<tr><td>1</td><td>仪器设备检定校准</td><td>1. 将比重瓶洗净、烘干,称比重瓶质量,准确至 0.001 g。
2. 将煮沸经冷却的纯水注入比重瓶。
3. 调节恒温水槽至 5 ℃或 10 ℃,将比重瓶放入恒温水槽内,直至瓶内水温稳定。取出比重瓶,擦干外壁,称瓶、水总质量,准确至 0.001 g。
4. 以 5 ℃为级差调节恒温水槽水温,逐级测定不同温度下的比重瓶、水总质量,直至达到本地区最高自然气温。
5. 将测定结果列于比重瓶校正记录表,以瓶、水总质量为横坐标,温度为纵坐标,绘制瓶、水总质量与温度的关系曲线,即比重瓶校正曲线</td><td>

比重瓶

恒温水槽

天平</td><td>步骤 2 中,对长颈比重瓶注水至刻度处,对短颈比重瓶应注满纯水,塞紧瓶塞,多余水分自瓶塞毛细管中溢出。
比重瓶校正记录表
瓶　号______　校 正 者______
瓶　重______　校正日期______
校核者______
<table><tr><td>温度/℃</td><td>瓶、水总质量/g</td><td>平均瓶、水总质量/g</td></tr><tr><td></td><td></td><td rowspan="4"></td></tr><tr><td></td><td></td></tr><tr><td></td><td></td></tr><tr><td></td><td></td></tr></table>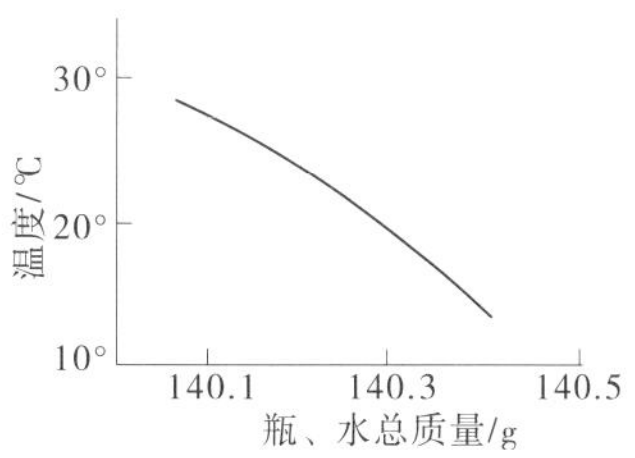

比重瓶校正曲线</td></tr>
</table>

<table>
<tr>
<td>2</td>
<td>试验步骤</td>
<td>1. 将比重瓶烘干，将 15 g 烘干土装入 100 mL 比重瓶内(若用 50 mL 比重瓶，装烘干土约 12 g)，称试样及瓶总质量。
2. 将已装有干土的比重瓶，注蒸馏水至瓶的一半处，摇动比重瓶，排除土中空气，并将瓶在砂浴中煮沸。
3. 如为长颈比重瓶，用滴管调整液面恰至刻度(以弯液面上缘为准)，擦干瓶外及瓶内壁刻度以上部分的水，称瓶、水、土总质量。如为短颈比重瓶，将纯水注满，使多余水分自瓶塞毛细管中溢出，将瓶外水分擦干后，称瓶、水、土总质量，称量后立即测出瓶内水的温度，准确至 0.5 ℃。
4. 根据测得的温度，从已绘制的比重瓶校正曲线中查得瓶、水总质量</td>
<td>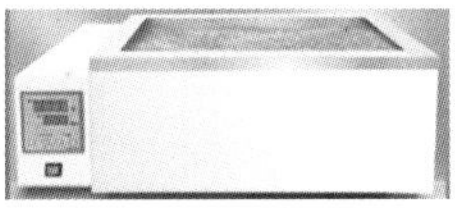
砂浴</td>
<td>1. 步骤 2 中，煮沸时间自悬液沸腾时算起，砂及低液限黏土应不少于 30 min，高液限黏土应不少于 1 h，使土粒分散，注意沸腾后调节砂浴温度，不使土液溢出瓶外。
2. 如为砂土，煮沸时砂易跳出，允许用真空抽气法代替煮沸法排除土中空气，其余步骤同步骤 3、4。
3. 对含有某一定量的可溶盐、亲水性胶体或有机质的土，应用中性液体(如煤油)测定，并用真空抽气法排出土中气体。真空压力表读数宜为 100 kPa，抽气时间 1～2 h(直至悬液内无气泡)，其余步骤同步骤 3、4。
4. 本试验称量应进行两次，准确至 0.01 g，取其算术平均值，其最大允许平均差值应为 ±0.02 g</td>
</tr>
<tr>
<td>3</td>
<td>结果计算</td>
<td colspan="3">1. 用纯水测定时，按照下式计算比重：
$$G_s = \frac{m_d}{m_1 + m_d - m_2} G_{wt}$$
式中 G_s——土粒比重；
m_d——干土质量，g；
m_1——瓶、水总质量，g；
m_2——瓶、水、土总质量，g；
G_{wt}——t ℃时纯水的比重(可查物理手册)，准确至 0.001。
2. 用中性液体测定时，按照下式计算比重：
$$G_s = \frac{m_d}{m_1' + m_d - m_2'} G_{kt}$$
式中 m_1'——瓶、中性液体总质量，g；
m_2'——瓶、中性液体、土总质量，g；
G_{kt}——t ℃时中性液体的比重(实测得)，准确至 0.001。</td>
</tr>
<tr>
<td>4</td>
<td>试验记录</td>
<td colspan="3">包括试验编号，比重瓶号，温度，液体比重，比重瓶质量，瓶、干土总质量，干土质量，瓶、液总质量，瓶、液、土总质量，天平编号，土样编号等</td>
</tr>
</table>

注意事项	本试验必须进行两次平行测定,取其算术平均值,以两位小数表示,其最大允许平行差值为±0.02
思考与练习	1. 何谓土的比重? 比重的测定有几种方法? 2. 比重瓶为什么要放在砂浴上煮沸? 时间有什么要求? 3. 对含有可溶盐、亲水性胶体或有机质的土,为什么要改用中性液体(如煤油)测定比重?

3 试验成果单

实训情景一	室内土工试验	日期	
实训任务五	比重试验	学时	2
工程实例	×××工程土样比重试验样表 码 1-15		
小组成员		班级 第(　　)组	
试验记录 计算表	见下表		

比重瓶校正记录表

瓶号______ 校正者______ 瓶质量______ 校正日期______ 校核者______

温度	瓶、水总质量		平均瓶、水总质量
℃	g	g	g

比重试验记录表(比重瓶法)

工程名称		试验者	
试验日期		计算者	
土样编号		校核者	
烘箱编号		天平编号	
试验编号			
比重瓶号			

温度/℃	(1)					
液体比重	(2)	查表				
比重瓶质量/g	(3)					
瓶、干土总质量/g	(4)					
干土质量/g	(5)	(4)-(3)				
瓶、液总质量/g	(6)					
瓶、液、土总质量/g	(7)					
与干土同体积的液体质量/g	(8)	(5)+(6)-(7)				
比重 G_s	(9)	$\frac{(5)}{(8)}\times(2)$				
平均比重 $\overline{G}_s$						

4　任务评价单

<table>
<tr><td>实训情景一</td><td colspan="3">室内土工试验</td><td>日期</td><td></td></tr>
<tr><td>实训任务五</td><td colspan="3">比重试验</td><td>学时</td><td>2</td></tr>
<tr><td>评价对象</td><td>评价项目</td><td>评价分值</td><td>评价得分</td><td colspan="2">评分依据</td></tr>
<tr><td rowspan="5">自我评价
(____分)</td><td>完成情况</td><td>20</td><td></td><td colspan="2">按要求完成实训任务</td></tr>
<tr><td>仪器使用</td><td>20</td><td></td><td colspan="2">正确规范操作仪器、爱护仪器</td></tr>
<tr><td>精度速度</td><td>30</td><td></td><td colspan="2">成果满足要求、精益求精、按时完成</td></tr>
<tr><td>实训纪律</td><td>10</td><td></td><td colspan="2">按时实训、遵守课堂纪律</td></tr>
<tr><td>团结合作</td><td>20</td><td></td><td colspan="2">服从安排、能配合其他组员工作</td></tr>
<tr><td rowspan="4">小组评价
(____分)</td><td>实训纪律</td><td>20</td><td></td><td colspan="2">不迟到、不早退</td></tr>
<tr><td>安全操作</td><td>20</td><td></td><td colspan="2">安全操作仪器、仪器未损坏</td></tr>
<tr><td>工作态度</td><td>20</td><td></td><td colspan="2">学习积极主动、有责任心</td></tr>
<tr><td>团队精神</td><td>40</td><td></td><td colspan="2">接受工作分配、有效沟通、主动帮助</td></tr>
<tr><td rowspan="6">教师评价
(____分)</td><td>操作程序</td><td>20</td><td></td><td colspan="2">操作程序正确、动作规范</td></tr>
<tr><td>操作速度</td><td>20</td><td></td><td colspan="2">操作速度快、按时完成实训任务</td></tr>
<tr><td>操作精度</td><td>20</td><td></td><td colspan="2">成果满足规范要求</td></tr>
<tr><td>数据记录</td><td>10</td><td></td><td colspan="2">记录规范完整,无转抄、涂改、抄袭现象</td></tr>
<tr><td>团结合作</td><td>20</td><td></td><td colspan="2">服从组长安排、能配合其他组员工作</td></tr>
<tr><td>实训纪律</td><td>10</td><td></td><td colspan="2">按时实训、遵守课堂纪律</td></tr>
<tr><td>最终得分</td><td colspan="5"></td></tr>
<tr><td>学生姓名</td><td colspan="2"></td><td>第(　　)组</td><td>组长签字</td><td></td></tr>
<tr><td>班　　级</td><td colspan="3"></td><td>教师签字</td><td></td></tr>
<tr><td>教师评语</td><td colspan="5"></td></tr>
</table>

5　教学反馈单

<table>
<tr><td colspan="2">实训情景一</td><td colspan="2">室内土工试验</td><td>日期</td><td></td></tr>
<tr><td colspan="2">实训任务五</td><td colspan="2">比重试验</td><td>学时</td><td>2</td></tr>
<tr><td rowspan="5">学生
学习
反馈</td><td>1</td><td>我学到的知识点有</td><td colspan="3"></td></tr>
<tr><td>2</td><td>我掌握的技能点有</td><td colspan="3"></td></tr>
<tr><td>3</td><td>我不理解的地方有</td><td colspan="3"></td></tr>
<tr><td>4</td><td>我认为还需要深入学习和提高的地方有</td><td colspan="3"></td></tr>
<tr><td>5</td><td>在本次工作任务中,我的综合表现是</td><td colspan="3">☆☆☆☆☆ ________
☆☆☆☆ ________
☆☆☆ ________</td></tr>
<tr><td colspan="6">我对老师本次教学的改进意见是:</td></tr>
<tr><td colspan="2">学生姓名</td><td colspan="2"></td><td>班级</td><td></td></tr>
</table>

实训任务六　相对密度试验

1　学生工作任务单

<table>
<tr><td colspan="2">实训情景一</td><td>室内土工试验</td><td>日期</td><td></td></tr>
<tr><td colspan="2">实训任务六</td><td>相对密度试验</td><td>学时</td><td>2</td></tr>
<tr><td colspan="2">工作任务</td><td colspan="3">进行相对密度试验,包含最小干密度试验和最大干密度试验</td></tr>
<tr><td colspan="2">知识充电站</td><td colspan="3">无黏性土的密实度微课
码 1-16</td></tr>
<tr><td rowspan="3">学习目标</td><td>素质目标</td><td colspan="3">1. 实训前必须熟悉实训作业手册。
2. 按时、按步骤完成当天的实训任务。
3. 实训室应保持肃静,组员间沟通讨论应低声交流,不得谈笑喧哗,不许搞其他动作,以免影响他人实训。
4. 实训过程中,不得抄写他人的实训记录;否则,须重做。如有疑问,应向指导教师询问清楚后方可进行。
5. 实训结束后负责整理仪器设备,打扫实训室,保持室内整洁,注意关闭电源、门窗</td></tr>
<tr><td>知识目标</td><td colspan="3">1. 了解相对密度试验的目的、适用范围。
2. 了解相对密度试验的各种仪器并熟练操作。
3. 掌握相对密度试验的操作步骤和注意事项。
4. 掌握相对密度试验表格的填写。
5. 理解相对密度试验过程中的注意事项</td></tr>
<tr><td>能力目标</td><td colspan="3">1. 能够进行相对密度试验并进行描述。
2. 能够熟练使用试验设备。
3. 能够熟练掌握试验原理及试验步骤。
4. 能够进行试验结果计算并填写试验表格。
5. 能够完成对试验结果的判定</td></tr>
<tr><td colspan="2">工作流程</td><td colspan="3">取代表性试样→测定体积并计算孔隙比→结果计算→填写表格</td></tr>
<tr><td colspan="2">参考资料</td><td colspan="3">1.《土工试验方法标准》(GB/T 50123—2019)。
2.《土的工程分类标准》(GB/T 50145—2007)</td></tr>
</table>

2　学习引导单

<table>
<tr><td colspan="2">实训情景一</td><td>室内土工试验</td><td>日期</td><td></td></tr>
<tr><td colspan="2">实训任务六</td><td>相对密度试验</td><td>学时</td><td>2</td></tr>
<tr><td colspan="5">最小干密度试验</td></tr>
<tr><td colspan="2">仪器设备</td><td colspan="3">量筒、长颈漏斗、锥形塞、天平、砂面拂平器</td></tr>
<tr><td colspan="2">技能充电站</td><td colspan="3">最小干密度试验视频
码 1-17</td></tr>
<tr><td>序号</td><td colspan="2">工作步骤</td><td>主要仪器设备</td><td>备注</td></tr>
<tr><td>1</td><td>试验步骤</td><td>1. 取代表性的烘干试样或充分风干试样约 1.5 kg，用手搓揉或用圆木棍在橡皮板上碾散，并应拌和均匀。
2. 将锥形塞杆自漏斗下口穿入，并向上提起，使锥体堵住漏斗管口，一并放入 1 000 mL 量筒中，使其下端与筒底接触。
3. 称取试样 700 g，应准确至 1 g，均匀倒入漏斗中，将漏斗与塞杆同时提高，然后下放塞杆使锥体略离开管口，管口应经常保持高出砂面 1～2 cm，使试样缓缓且均匀地落入量筒中。
4. 试样全部落入量筒后，取出漏斗与锥形塞，用砂面拂平器将砂面拂平，勿使量筒振动，然后测读砂样体积，估读至 5 mL。
5. 用手掌或橡皮板堵住量筒口，将量筒倒转，然后缓慢地转回原来位置，如此重复几次，记下体积的最大值，估读至 5 mL</td><td>
天平
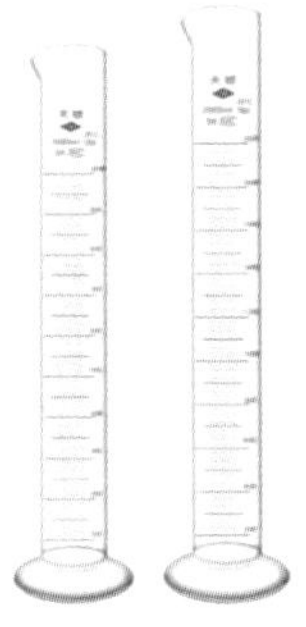
量筒</td><td>从步骤 4 和 5 两种方法测得的体积值中取体积值较大的一个，为松散状态时试样的最大体积</td></tr>
<tr><td>2</td><td>计算最大孔隙比</td><td colspan="3">最小干密度按下式计算，计算至 0.01 g/cm³：
$$\rho_{dmin} = \frac{m_d}{V_{max}}$$
式中　ρ_{dmin}——最小干密度，g/cm³；
V_{max}——松散状态时试样的最大体积，cm³。
最大孔隙比按下式计算：
$$e_{max} = \frac{\rho_w G_s}{\rho_{dmin}} - 1$$
式中　e_{max}——最大孔隙比；
ρ_w——水的密度，g/cm³。</td></tr>
</table>

<table>
<tr><td colspan="5">最大干密度试验</td></tr>
<tr><td colspan="2">仪器设备</td><td colspan="3">金属容器、振动叉、击锤、台秤</td></tr>
<tr><td colspan="2">技能充电站</td><td colspan="3">最大干密度试验视频
码 1-18</td></tr>
<tr><td>序号</td><td colspan="2">工作步骤</td><td>主要仪器设备</td><td>备注</td></tr>
<tr><td>1</td><td>试验步骤</td><td>1. 取代表性的试样约 4 kg，用手搓揉或用圆木棍在橡皮板上碾散，并应拌和均匀。
2. 分 3 次倒入容器进行振击。先取代表性试样 600～800 g（其数量应使振击后的体积略大于容器容积的 1/3）倒入 1 000 mL 容器内，用振动叉以每分钟各 150～200 次的速度敲打容器两侧，并在同一时间内，用击锤于试样表面每分钟锤击 30～60 次，直至砂样体积不变，一般击 5～10 min。
3. 按照步骤 2，进行后两次的装样、振动和锤击，第 3 次装样时应先在容器口上安装套环。
4. 最后 1 次振毕，取下套环，用修土刀齐容器顶面刮去多余试样，称容器内试样质量，准确至 1 g，并记录试样体积，计算其最小孔隙比</td><td>
金属容器、振动叉、击锤
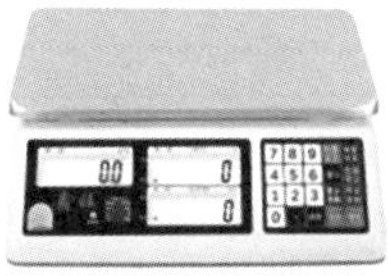
台秤</td><td>步骤 2 中，敲打时要用足够的力量使试样处于振动状态；锤击时，粗砂可用较少击数，细砂应用较多击数</td></tr>
<tr><td>2</td><td>计算最小孔隙比</td><td colspan="3">最大干密度应按下式计算，精确至 0.01 g/cm³：
$$\rho_{dmax} = \frac{m_d}{V_{min}}$$
式中　ρ_{dmax}——最大干密度，g/cm³；
V_{min}——紧密状态时试样的最小体积，cm³。
最小孔隙比按下式计算：
$$e_{min} = \frac{\rho_w G_s}{\rho_{dmax}} - 1$$
式中　e_{min}——最小孔隙比。</td></tr>
</table>

3	结果计算	相对密度应按下式计算： $$D_r = \frac{e_{max} - e_0}{e_{max} - e_{min}}$$ $$D_r = \frac{(\rho_d - \rho_{dmin})\rho_{dmax}}{(\rho_{dmax} - \rho_{dmin})\rho_d}$$ 式中 D_r——相对密度，精确至 0.01 g/cm³； e_0——天然孔隙比或填土的相应孔隙比。
4	试验记录	包括试样编号、相对密度仪编号、天平编号、烘箱编号、试验者、试验日期、试样加容器质量、容器质量、试样体积、平均干密度、比重、孔隙比、天然干密度、天然孔隙比等
注意事项		1. 长颈漏斗的颈管内径约 1.2 cm，颈口磨平。 2. 天平的分度值为 1 g。 3. 取试样后用手搓揉或用圆木棍在橡皮板上碾散，并应拌和均匀。 4. 应进行两次平行测定，其最大允许平行差值应为±0.03 g/cm³，取两次值的算术平均值为试验结果
思考与练习		1. 相对干密度试验为什么要选取烘干或充分风干的试样？ 2. 进行最大干密度试验时，是否可以考虑将容器直接放在振动台上振动密实？ 3. 含细粒较多的试样，适宜做相对密度试验吗？

3　试验成果单

实训情景一	室内土工试验	日期	
实训任务六	相对密度试验	学时	2
工程实例	×××工程土样相对密度试验样表		码 1-19
小组成员		班级 第(　　)组	
试验记录计算表	相对密度试验记录表（见下表）		
试验结论			

相对密度试验记录表

工程名称		试验者	
试验日期		计算者	
试样编号		校核者	
相对密度仪编号		天平编号	
烘箱编号			

试验项目			最大孔隙比 e_{max}				最小孔隙比 e_{min}		备注
试验方法			漏斗法		量筒法		振击法		
试样加容器质量/g	(1)		—						
容器质量/g	(2)		—						
试样质量 m_d/g	(3)	(1)-(2)							
试样体积 V/cm^3	(4)								
干密度 ρ_d/(g/cm^3)	(5)	(3)/(4)							
平均干密度 $\bar{\rho}_d$/(g/cm^3)	(6)								
比重 G_s	(7)								
孔隙比 e	(8)								
天然干密度/(g/cm^3)	(9)								
天然孔隙比 e_0	(10)								
相对密度 D_r	(11)								

4　任务评价单

<table>
<tr><td>实训情景一</td><td colspan="3">室内土工试验</td><td>日期</td><td></td></tr>
<tr><td>实训任务六</td><td colspan="3">相对密度试验</td><td>学时</td><td>2</td></tr>
<tr><td>评价对象</td><td>评价项目</td><td>评价分值</td><td>评价得分</td><td colspan="2">评分依据</td></tr>
<tr><td rowspan="5">自我评价
(____分)</td><td>完成情况</td><td>20</td><td></td><td colspan="2">按要求完成实训任务</td></tr>
<tr><td>仪器使用</td><td>20</td><td></td><td colspan="2">正确规范操作仪器、爱护仪器</td></tr>
<tr><td>精度速度</td><td>30</td><td></td><td colspan="2">成果满足要求、精益求精、按时完成</td></tr>
<tr><td>实训纪律</td><td>10</td><td></td><td colspan="2">按时实训、遵守课堂纪律</td></tr>
<tr><td>团结合作</td><td>20</td><td></td><td colspan="2">服从安排、能配合其他组员工作</td></tr>
<tr><td rowspan="4">小组评价
(____分)</td><td>实训纪律</td><td>20</td><td></td><td colspan="2">不迟到、不早退</td></tr>
<tr><td>安全操作</td><td>20</td><td></td><td colspan="2">安全操作仪器、仪器未损坏</td></tr>
<tr><td>工作态度</td><td>20</td><td></td><td colspan="2">学习积极主动、有责任心</td></tr>
<tr><td>团队精神</td><td>40</td><td></td><td colspan="2">接受工作分配、有效沟通、主动帮助</td></tr>
<tr><td rowspan="6">教师评价
(____分)</td><td>操作程序</td><td>20</td><td></td><td colspan="2">操作程序正确、动作规范</td></tr>
<tr><td>操作速度</td><td>20</td><td></td><td colspan="2">操作速度快、按时完成实训任务</td></tr>
<tr><td>操作精度</td><td>20</td><td></td><td colspan="2">成果满足规范要求</td></tr>
<tr><td>数据记录</td><td>10</td><td></td><td colspan="2">记录规范完整，无转抄、涂改、抄袭现象</td></tr>
<tr><td>团结合作</td><td>20</td><td></td><td colspan="2">服从组长安排、能配合其他组员工作</td></tr>
<tr><td>实训纪律</td><td>10</td><td></td><td colspan="2">按时实训、遵守课堂纪律</td></tr>
<tr><td>最终得分</td><td colspan="5"></td></tr>
<tr><td>学生姓名</td><td colspan="2"></td><td>第(　　)组</td><td>组长签字</td><td></td></tr>
<tr><td>班　　级</td><td colspan="3"></td><td>教师签字</td><td></td></tr>
<tr><td>教师评语</td><td colspan="5"></td></tr>
</table>

5　教学反馈单

<table>
<tr><td colspan="2">实训情景一</td><td>室内土工试验</td><td>日期</td><td></td></tr>
<tr><td colspan="2">实训任务六</td><td>相对密度试验</td><td>学时</td><td>2</td></tr>
<tr><td rowspan="5">学生学习反馈</td><td>1</td><td>我学到的知识点有</td><td colspan="2"></td></tr>
<tr><td>2</td><td>我掌握的技能点有</td><td colspan="2"></td></tr>
<tr><td>3</td><td>我不理解的地方有</td><td colspan="2"></td></tr>
<tr><td>4</td><td>我认为还需要深入学习和提高的地方有</td><td colspan="2"></td></tr>
<tr><td>5</td><td>在本次工作任务中，我的综合表现是</td><td colspan="2">☆☆☆☆☆
☆☆☆☆
☆☆☆</td></tr>
<tr><td colspan="5">我对老师本次教学的改进意见是：</td></tr>
<tr><td colspan="2">学生姓名</td><td></td><td>班级</td><td></td></tr>
</table>

实训任务七　界限含水率试验

1　学生工作任务单

<table>
<tr><td colspan="2">实训情景一</td><td>室内土工试验</td><td>日期</td><td></td></tr>
<tr><td colspan="2">实训任务七</td><td>界限含水率试验</td><td>学时</td><td>2</td></tr>
<tr><td colspan="2">工作任务</td><td colspan="3">进行液塑限联合测定试验</td></tr>
<tr><td colspan="2">知识充电站</td><td colspan="3">黏性土的稠度微课
码 1-20</td></tr>
<tr><td rowspan="3">学习目标</td><td>素质目标</td><td colspan="3">1. 实训前必须熟悉实训作业手册。
2. 按时、按步骤完成当天的实训任务。
3. 实训室应保持肃静，组员间沟通讨论应低声交流，不得谈笑喧哗，不许搞其他动作，以免影响他人实训。
4. 实训过程中，不得抄写他人的实训记录；否则，须重做。如有疑问，应向指导教师询问清楚后方可进行。
5. 实训结束后负责整理仪器设备，打扫实训室，保持室内整洁，注意关闭电源、门窗</td></tr>
<tr><td>知识目标</td><td colspan="3">1. 了解细粒土的状态及界限含水率、相对稠度、塑性指数及液性指数的概念及应用。
2. 了解土的界限含水率的各种试验目的、适用范围及试验步骤。
3. 熟练掌握液塑限联合测定试验操作步骤及注意事项。
4. 掌握液塑限联合测定试验方法及资料整理。
5. 掌握界限含水率、液性指数及塑性指数在工程中的应用</td></tr>
<tr><td>能力目标</td><td colspan="3">1. 能够熟悉试验相关的概念及应用。
2. 能够熟练使用试验设备。
3. 能够熟练掌握试验原理及试验步骤。
4. 能够进行试验方法及资料整理。
5. 能够完成对试验结果的判定</td></tr>
<tr><td colspan="2">工作流程</td><td colspan="3">取代表性试样→测定圆锥下沉深度、水质量、干土质量→结果计算→试验记录</td></tr>
<tr><td colspan="2">参考资料</td><td colspan="3">1.《土工试验方法标准》(GB/T 50123—2019)。
2.《土的工程分类标准》(GB/T 50145—2007)</td></tr>
</table>

2　学习引导单

<table>
<tr><td>实训情景一</td><td colspan="2">室内土工试验</td><td>日期</td><td></td></tr>
<tr><td>实训任务七</td><td colspan="2">界限含水率试验</td><td>学时</td><td>2</td></tr>
<tr><td>仪器设备</td><td colspan="4">光电式液塑限联合测定仪(带圆锥仪)、试样杯、天平、铝盒、烘箱、干燥缸、孔径为 0.5 mm 的筛、滴管、研钵、调土刀、凡士林等</td></tr>
<tr><td>技能充电站</td><td colspan="4">土的界限含水率试验(液塑限联合测定)视频
码 1-21</td></tr>
<tr><td>序号</td><td colspan="2">工作步骤</td><td>主要仪器设备</td><td>备注</td></tr>
<tr><td>1</td><td>试样制备</td><td>1. 液塑限联合试验宜采用天然含水率的土样制备试样,也可采用风干土制备试样。
2. 当采用天然含水率的土样制备试样时,应剔除粒径大于 0.5 mm 的颗粒,再分别按接近液限、塑限和二者的中间状态制备不同稠度的土膏,静置湿润。
3. 当采用风干土样制备试样时,取过 0.5 mm 筛的代表性土样约 200 g,分成 3 份,分别放入 3 个盛土皿中,加入不同数量的纯水,使其分别接近液限、塑限和二者的中间状态的含水率,调成均匀土膏,放入密封的保湿缸中,静置 24 h</td><td>
天平

调土刀</td><td></td></tr>
<tr><td>2</td><td>试验步骤</td><td>1. 将制备好的土膏用调土刀充分调拌均匀,密实地填入试样杯中,应使空气逸出。高出试样杯的余土用刮土刀刮平,将试样杯放在仪器底座上。
2. 取圆锥仪,在锥体上涂一薄层润滑油脂,接通电源,使电磁铁吸稳圆锥仪。
3. 调节屏幕准线,使初始读数为零(游标尺或百分表读数调零)。调节升降座,使圆锥仪角接触试样面,指示灯亮时圆锥依靠自重沉入试样内,经 5 s 后立即测读圆锥下沉深度。然后取出试样杯,取 10 g 以上的试样 2 个,测定含水率。
4. 按步骤 1~3 规定,测试其余 2 个试样的圆锥下沉深度和含水率</td><td>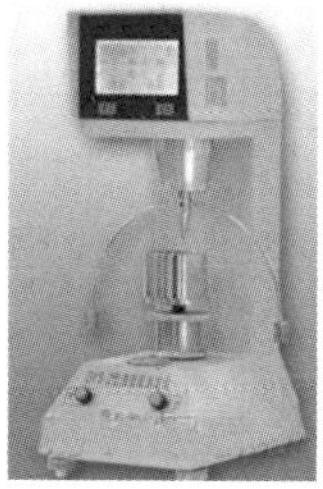
光电式液塑限联合测定仪(带圆锥仪)

铝盒</td><td>液塑限联合测定至少在 3 点以上,其圆锥入土深度宜分别控制在 3~4 mm、7~9 mm 和 15~17 mm</td></tr>
</table>

3	结果计算	含水率按下式计算： $$\omega = \frac{m_2 - m_1}{m_1 - m_0} \times 100$$ 式中　ω——含水率，精确至0.1%； m_1——干土加称量盒质量，g； m_2——湿土加称量盒质量，g； m_0——称量盒质量，g。 塑性指数I_p、液性指数I_L按下式计算： $$I_p = \omega_L - \omega_p$$ $$I_L = \frac{\omega - \omega_p}{I_p}$$ 式中　I_p——塑性指数； ω_L——液限(%)； ω_p——塑限(%)； ω——含水率(%)； I_L——液性指数，精确至0.01。	1. 以含水率为横坐标、圆锥下沉深度为纵坐标，在双对数坐标纸上绘制含水率与圆锥下沉深度关系曲线。 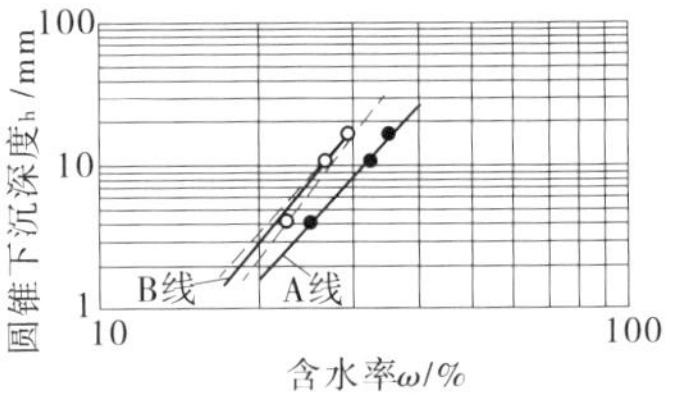 2. 在含水率与圆锥下沉深度关系曲线上，查得下沉深度为17 mm所对应的含水率为该土样的液限；查得下沉深度为10 mm所对应的含水率为10 mm液限；查得下沉深度为2 mm所对应的含水率为塑限，以百分数表示，精确至0.1%
4	试验记录	包括试样编号、圆锥下沉深度、盒号、盒加湿土质量、盒加干土质量、盒质量、水质量、干土质量、含水率、液限、塑限、塑性指数、液性指数等	
注意事项		1. 为了测得准确的指标，注意取样方法，并在取样后立即封好，尽快测试。 2. 在绘制含水率与圆锥下沉深度关系曲线时，三点应连成一直线，当三点不在一直线上时，通过高含水率的一点与其余两点连成两条直线，在圆锥下沉深度为2 mm处查得相应的含水率，当两个含水率的差值小于2%时，应以该两点含水率的平均值与高含水率的点连成一线，当两个含水率的差值大于或等于2%时，应补作试验	
思考与练习		1. 界限含水率试验的目的是什么？如何判断土的天然稠度状态？ 2. 说明塑性指数、液性指数的物理意义。 3. 10 mm液限在工程实际中有何应用？	

3　试验成果单

实训情景一	室内土工试验	日期	
实训任务七	界限含水率试验	学时	2
工程实例	×××工程土样的界限含水率(液塑限联合测定)试验样表		码 1-22
小组成员		班级 第(　　)组	
试验记录计算表	液塑限联合测定试验记录表（见下表）		

液塑限联合测定试验记录表

工程名称			试验者					
工程编号			计算者					
试验日期			校核者					
试样编号								
圆锥下沉深度/mm								
盒号								
盒加湿土质量/g	(1)							
盒加干土质量/g	(2)							
盒质量/g	(3)							
水质量/g	(4)							
干土质量/g	(5)							
含水率/%	(6)	$\frac{(4)}{(5)}\times 100$						
液限/%	(7)	查图						
塑限/%	(8)	查图						
塑性指数	(9)	(7)-(8)						
液性指数	(10)	$\frac{\omega-(8)}{(9)}$						

试验绘图	
试验结论	

4　任务评价单

实训情景一	室内土工试验		日期	
实训任务七	界限含水率试验		学时	4
评价对象	评价项目	评价分值	评价得分	评分依据
自我评价 (____分)	完成情况	20		按要求完成实训任务
	仪器使用	20		正确规范操作仪器、爱护仪器
	精度速度	30		成果满足要求、精益求精、按时完成
	实训纪律	10		按时实训、遵守课堂纪律
	团结合作	20		服从安排、能配合其他组员工作
小组评价 (____分)	实训纪律	20		不迟到、不早退
	安全操作	20		安全操作仪器、仪器未损坏
	工作态度	20		学习积极主动、有责任心
	团队精神	40		接受工作分配、有效沟通、主动帮助
教师评价 (____分)	操作程序	20		操作程序正确、动作规范
	操作速度	20		操作速度快、按时完成实训任务
	操作精度	20		成果满足规范要求
	数据记录	10		记录规范完整,无转抄、涂改、抄袭现象
	团结合作	20		服从组长安排、能配合其他组员工作
	实训纪律	10		按时实训、遵守课堂纪律
最终得分				
学生姓名		第(　　)组	组长签字	
班　　级			教师签字	
教师评语				

5　教学反馈单

<table>
<tr><td colspan="2">实训情景一</td><td colspan="2">室内土工试验</td><td>日期</td><td></td></tr>
<tr><td colspan="2">实训任务七</td><td colspan="2">界限含水率试验</td><td>学时</td><td>2</td></tr>
<tr><td rowspan="5">学生
学习
反馈</td><td>1</td><td>我学到的知识点有</td><td colspan="3"></td></tr>
<tr><td>2</td><td>我掌握的技能点有</td><td colspan="3"></td></tr>
<tr><td>3</td><td>我不理解的地方有</td><td colspan="3"></td></tr>
<tr><td>4</td><td>我认为还需要深入学习和提高的地方有</td><td colspan="3"></td></tr>
<tr><td>5</td><td>在本次工作任务中，我的综合表现是</td><td colspan="3">☆☆☆☆☆
☆☆☆☆
☆☆☆</td></tr>
<tr><td colspan="6">我对老师本次教学的改进意见是：</td></tr>
<tr><td colspan="2">学生姓名</td><td colspan="2"></td><td>班级</td><td></td></tr>
</table>

实训任务八 击实试验

1 学生工作任务单

<table>
<tr><td colspan="2">实训情景一</td><td>室内土工试验</td><td>日期</td><td></td></tr>
<tr><td colspan="2">实训任务八</td><td>击实试验</td><td>学时</td><td>2</td></tr>
<tr><td colspan="2">工作任务</td><td colspan="3">计算试样干密度、土的饱和含水率、绘制击实曲线和饱和曲线</td></tr>
<tr><td colspan="2">知识充电站</td><td colspan="3">土的击实性与压实度微课
码 1-23</td></tr>
<tr><td rowspan="3">学习目标</td><td>素质目标</td><td colspan="3">1. 实训前必须熟悉实训作业手册。
2. 按时、按步骤完成当天的实训任务。
3. 实训室应保持肃静，组员间沟通讨论应低声交流，不得谈笑喧哗，不许搞其他动作，以免影响他人实训。
4. 实训过程中，不得抄写他人的实训记录；否则，须重做。如有疑问，应向指导教师询问清楚后方可进行。
5. 实训结束后负责整理仪器设备，打扫实训室，保持室内整洁，注意关闭电源、门窗</td></tr>
<tr><td>知识目标</td><td colspan="3">1. 掌握击实试验的目的和试验方法。
2. 学会试验成果的整理。
3. 了解土的最大干密度和最优含水率在工程实际中的应用</td></tr>
<tr><td>能力目标</td><td colspan="3">1. 能够制出符合试验条件的试样并进行描述。
2. 能够熟练使用试验设备。
3. 能够熟练掌握试验原理及试验步骤。
4. 能够进行试验结果计算并填写试验表格。
5. 能够完成对试验结果的判定</td></tr>
<tr><td colspan="2">工作流程</td><td colspan="3">取代表性试样→测定试样含水率→结果计算→填写表格</td></tr>
<tr><td colspan="2">参考资料</td><td colspan="3">1.《土工试验方法标准》(GB/T 50123—2019)。
2.《公路土工试验规程》(JTG 3430—2020)</td></tr>
</table>

2 学习引导单

<table>
<tr><td colspan="2">实训情景一</td><td colspan="2">室内土工试验</td><td>日期</td><td></td></tr>
<tr><td colspan="2">实训任务八</td><td colspan="2">击实试验</td><td>学时</td><td>2</td></tr>
<tr><td colspan="2">仪器设备</td><td colspan="4">击实仪、天平、台秤、标准筛、烘箱、喷水设备、碾土器、盛土器、推土器、修土刀和保湿设备等</td></tr>
<tr><td colspan="2">技能充电站</td><td colspan="4">土的击实试验视频
码 1-24</td></tr>
<tr><td>序号</td><td colspan="2">工作步骤</td><td colspan="2">使用仪器设备</td><td>备注</td></tr>
<tr><td>1</td><td>试样制备</td><td>1. 干法制备
(1)用四分法取一定量的代表性风干试样,其中小筒所需土样约 20 kg,大筒所需土样约 50 kg,放在橡皮板上用木碾碾散,也可用碾土器碾散。
(2)轻型按要求过 5 mm 或 20 mm 筛,重型过 20 mm 筛,将筛下土样拌匀,并测定土样的风干含水率;根据土的塑限预估最优含水率,制备不少于 5 个不同含水率的一组试样,相邻 2 个试样含水率的差值宜为 2%。
(3)将一定量土样平铺于不吸水的盛土盘内,其中小型击实筒所需击实土样约 2.5 kg,大型击实筒所取土样约 5.0 kg,按预定含水率用喷水设备往土样上均匀喷洒所需加水量,拌匀并装入塑料袋内或密封于盛土器内静置备用。
2. 湿法制备
取天然含水率的代表性土样(小型击实筒需 20 kg,大型击实筒需 50 kg)。碾散,按要求过筛,将筛下土样拌匀,并测定试样的含水率。分别风干或加水到所要求的含水率,应使制备好的试样水分均匀分布</td><td colspan="2">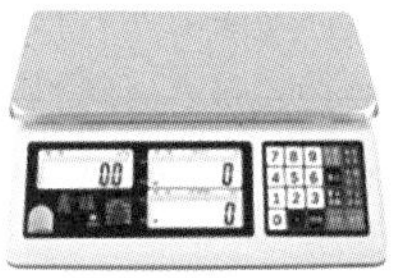
台秤

JDS-3 型标准手提击实仪</td><td>静置时间:高液限黏土不得少于 24 h,低液限黏土可酌情缩短,但不应少于 12 h</td></tr>
</table>

2	试验步骤	1. 将击实仪放在坚实地面上,击实筒内壁和底板涂一薄层润滑油,连接好击实筒与底板,安装好护筒,检查仪器各部件及配套设备的性能是否正常,并做好记录。 2. 从制备好的一份试样中称取一定量土料,分3层或5层倒入击实筒内并将土面整平,分层击实。击实完成后,超出击实筒顶的试样高度应小于6 mm。 3. 用修土刀沿护筒内壁削挖后,扭动并取下护筒,测出超高值,应取多个测值的平均值,准确至0.1 mm。沿击实筒顶细心削平试样,拆除底板。试样底面超出筒外时,应修平。擦净筒外壁,称量,准确至1 g。 4. 用推土器从击实筒内推出试样,从试样中心处取2个一定量的土料,细粒土为15~30 g,含粗粒土为50~100 g。平行测定土的含水率,称量精确至0.01 g,两个含水率的最大允许差值应为±1%。 5. 按步骤1~4的规定对其他含水率的试样进行击实。一般不重复使用土样	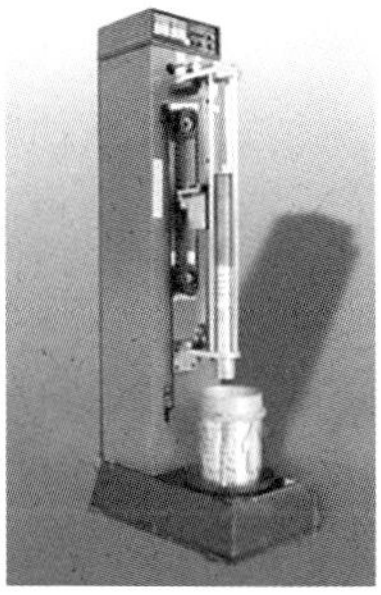 **JDS-1 型数控电动击实仪**	轻型击实试验分3层,每层土料质量600~800 g(其质量应使击实后试样的高度略高于击实筒的1/3),每层25击;重型击实试验分5层,每层土料质量宜为900~1 100 g,每层56击
3	结果计算	1. 含水率按下式计算: $$\omega = \left(\frac{m_0}{m_d} - 1\right) \times 100$$ 式中　ω——含水率(%); m_0——湿土质量,g; m_d——干土质量,g。 2. 干密度按下式计算: $$\rho_d = \frac{\rho}{1 + 0.01\omega}$$ 式中　ρ_d——干密度,g/cm^3; ρ——湿密度,g/cm^3。 3. 土的饱和含水率按下式计算: $$\omega_{sat} = \left(\frac{\rho_w}{\rho_d} - \frac{1}{G_s}\right) \times 100$$ 式中　ω_{sat}——饱和含水率(%); ρ_w——水的密度,g/cm^3; G_s——土粒比重。	1. 以干密度ρ_d为纵坐标、含水率ω为横坐标,绘制干密度与含水率关系曲线,曲线上峰值点所对应的纵、横坐标分别代表土的最大干密度和最优含水率。当曲线不能给出峰值点时,应进行补点试验。 2. 计算数个干密度下土的饱和含水率。以干密度为纵坐标、含水率为横坐标,在图上绘制饱和曲线	

4	试验记录	包括筒加土质量、筒质量、湿土质量、湿密度、干密度，盒号、盒加湿土质量、盒加干土质量、盒质量、湿土质量、干土质量、含水率、平均含水率
注意事项		如为手工击实，应保证使击锤自由铅直下落，锤击点必须均匀分布于土面上；如为机械击实，可将定数器拨到所需的击数处，按动电钮进行击实。击实后，每层试样的高度应大致相等，两层交接面的土面应刨毛。击实完成后，超出击实筒顶的试样高度应小于 6 mm
思考与练习		1. 击实后余土超过击实筒太多时，会对击实效果产生什么影响？ 2. 一种土的最优含水率和最大干密度是否一个常数？ 3. 击锤击土时为什么要自由铅直下落？ 4. 击实试验时为什么要分层？分层面为何要刨毛？

3　试验成果单

实训情景一	室内土工试验	日期	
实训任务八	击实试验	学时	2
工程实例	×××工程土样击实试验样表 码 1-25		
小组成员		班级 第(　　)组	
试验记录计算表	击实试验记录表（见下表）		

击实试验记录表

任务单号		试验者		计算者		校核者	
试验日期		击实仪编号		击实筒体积 V/cm^3		落距/mm	
击锤质量/kg		每层击数		击实方法			

试样编号									
试验序号									
干密度	筒加土质量/g	(1)							
	筒质量/g	(2)							
	湿土质量/g	(3)	(2)-(1)						
	湿密度/(g/cm^3)	(4)	(3)/V						
	干密度/(g/cm^3)	(5)	$\frac{(4)}{1+0.01(12)}$						
含水率	盒号								
	盒加湿土质量/g	(6)							
	盒加干土质量/g	(7)							
	盒质量/g	(8)							
	湿土质量/g	(9)	(6)-(8)						
	干土质量/g	(10)	(7)-(8)						
	含水率/%	(11)	$\left[\frac{(9)}{(10)}-1\right]\times100$						
	平均含水率/%	(12)							
	超高/mm	(13)							
最大干密度：　　g/cm^3				最优含水率：　　%					

试验绘图	
试验结论	

4　任务评价单

<table>
<tr><td>实训情景一</td><td colspan="3">室内土工试验</td><td>日期</td><td></td></tr>
<tr><td>实训任务八</td><td colspan="3">击实试验</td><td>学时</td><td>4</td></tr>
<tr><td>评价对象</td><td>评价项目</td><td>评价分值</td><td>评价得分</td><td colspan="2">评分依据</td></tr>
<tr><td rowspan="5">自我评价
(____分)</td><td>完成情况</td><td>20</td><td></td><td colspan="2">按要求完成实训任务</td></tr>
<tr><td>仪器使用</td><td>20</td><td></td><td colspan="2">正确规范操作仪器、爱护仪器</td></tr>
<tr><td>精度速度</td><td>30</td><td></td><td colspan="2">成果满足要求、精益求精、按时完成</td></tr>
<tr><td>实训纪律</td><td>10</td><td></td><td colspan="2">按时实训、遵守课堂纪律</td></tr>
<tr><td>团结合作</td><td>20</td><td></td><td colspan="2">服从安排、能配合其他组员工作</td></tr>
<tr><td rowspan="4">小组评价
(____分)</td><td>实训纪律</td><td>20</td><td></td><td colspan="2">不迟到、不早退</td></tr>
<tr><td>安全操作</td><td>20</td><td></td><td colspan="2">安全操作仪器、仪器未损坏</td></tr>
<tr><td>工作态度</td><td>20</td><td></td><td colspan="2">学习积极主动、有责任心</td></tr>
<tr><td>团队精神</td><td>40</td><td></td><td colspan="2">接受工作分配、有效沟通、主动帮助</td></tr>
<tr><td rowspan="6">教师评价
(____分)</td><td>操作程序</td><td>20</td><td></td><td colspan="2">操作程序正确、动作规范</td></tr>
<tr><td>操作速度</td><td>20</td><td></td><td colspan="2">操作速度快、按时完成实训任务</td></tr>
<tr><td>操作精度</td><td>20</td><td></td><td colspan="2">成果满足规范要求</td></tr>
<tr><td>数据记录</td><td>10</td><td></td><td colspan="2">记录规范完整，无转抄、涂改、抄袭现象</td></tr>
<tr><td>团结合作</td><td>20</td><td></td><td colspan="2">服从组长安排、能配合其他组员工作</td></tr>
<tr><td>实训纪律</td><td>10</td><td></td><td colspan="2">按时实训、遵守课堂纪律</td></tr>
<tr><td>最终得分</td><td colspan="5"></td></tr>
<tr><td>学生姓名</td><td colspan="2"></td><td>第(　　)组</td><td>组长签字</td><td></td></tr>
<tr><td>班　　级</td><td colspan="3"></td><td>教师签字</td><td></td></tr>
<tr><td>教师评语</td><td colspan="5"></td></tr>
</table>

5 教学反馈单

<table>
<tr><td>实训情景一</td><td colspan="2">室内土工试验</td><td>日期</td><td></td></tr>
<tr><td>实训任务八</td><td colspan="2">击实试验</td><td>学时</td><td>2</td></tr>
<tr><td rowspan="5">学生
学习
反馈</td><td>1</td><td>我学到的知识点有</td><td colspan="2"></td></tr>
<tr><td>2</td><td>我掌握的技能点有</td><td colspan="2"></td></tr>
<tr><td>3</td><td>我不理解的地方有</td><td colspan="2"></td></tr>
<tr><td>4</td><td>我认为还需要深入学习和提高的地方有</td><td colspan="2"></td></tr>
<tr><td>5</td><td>在本次工作任务中，我的综合表现是</td><td colspan="2">★★★★★
★★★★
★★★</td></tr>
<tr><td colspan="5">我对老师本次教学的改进意见是：</td></tr>
<tr><td>学生姓名</td><td colspan="2"></td><td>班级</td><td></td></tr>
</table>

实训任务九　渗透试验

1　学生工作任务单

<table>
<tr><td colspan="2">实训情景一</td><td>室内土工试验</td><td>日期</td><td></td></tr>
<tr><td colspan="2">实训任务九</td><td>渗透试验</td><td>学时</td><td>2</td></tr>
<tr><td colspan="2">工作任务</td><td colspan="3">采用常水头试验测定粗粒土的渗透系数</td></tr>
<tr><td colspan="2">知识充电站</td><td colspan="3">达西定律微课
码 1-26</td></tr>
<tr><td rowspan="3">学习目标</td><td>素质目标</td><td colspan="3">1. 实训前必须熟悉实训作业手册。
2. 按时、按步骤完成当天的实训任务。
3. 实训室应保持肃静，组员间沟通讨论应低声交流，不得谈笑喧哗，不许搞其他动作，以免影响他人实训。
4. 实训过程中，不得抄写他人的实训记录；否则，须重做。如有疑问，应向指导教师询问清楚后方可进行。
5. 实训结束后负责整理仪器设备，打扫实训室，保持室内整洁，注意关闭电源、门窗</td></tr>
<tr><td>知识目标</td><td colspan="3">1. 理解渗透系数的概念及应用。
2. 掌握渗透试验设备安装。
3. 掌握渗透试验操作步骤。
4. 掌握渗透试验成果整理。
5. 掌握渗透试验表格填写</td></tr>
<tr><td>能力目标</td><td colspan="3">1. 能够熟练阐述渗透试验原理。
2. 能够熟练使用试验设备安装试样。
3. 能够按操作步骤熟练开展渗透试验。
4. 能够进行试验结果计算并填写试验表格。
5. 能够完成对试验结果的判定</td></tr>
<tr><td colspan="2">工作流程</td><td colspan="3">检查、连接常水头渗透仪→取代表性土样，测风干含水率→试样安装、注水饱和→测试粗粒土渗透系数→成果整理，填写表格</td></tr>
<tr><td colspan="2">参考资料</td><td colspan="3">《土工试验方法标准》(GB/T 50123—2019)</td></tr>
</table>

2　学习引导单

<table>
<tr><td>实训情景一</td><td colspan="3">室内土工试验</td><td>日期</td><td></td></tr>
<tr><td>实训任务九</td><td colspan="3">渗透试验</td><td>学时</td><td>2</td></tr>
<tr><td>仪器设备</td><td colspan="5">常水头渗透仪、天平、温度计、木锤、秒表</td></tr>
<tr><td>技能充电站</td><td colspan="5">渗透试验视频
码 1-27</td></tr>
<tr><td>序号</td><td colspan="2">工作步骤</td><td colspan="2">主要仪器设备</td><td>备注</td></tr>
<tr><td>1</td><td>试验步骤</td><td>1. 安装仪器,检查各管路接头处是否漏水。将调节管与供水管连通,由仪器底部充水至水位略高于金属孔板,关止水夹。
2. 取具有代表性的风干试样 3~4 kg,称量准确至 1.0 g,测定试样风干含水率。
3. 将试样分层装入圆筒,每层 2~3 cm,用木锤轻轻击实到一定的厚度,以控制其孔隙比。试样含黏粒较多时,应在金属孔板上加铺厚约 2 cm 的粗砂过渡层,防止试验时细粒流失,并测量出过渡层厚度。
4. 每层试样装好后,连接供水管和调节管,并由调节管进水,微开止水夹,使试样逐渐饱和。当水面与试样顶面齐平时,关止水夹。试样饱和时水流不应过急,以免冲动试样。
5. 逐层装试样,至试样高出上测压孔 3~4 cm。在试样上端铺厚约 2 cm 砾石做缓冲层。待最后一层试样饱和后,继续使水位缓缓上升至溢水孔。当有水溢出时,关止水夹。
6. 试样装好后量测试样顶部至仪器上口的剩余高度,计算试样净高。称剩余试样质量,准确至 1.0 g,计算装入试样总质量。
7. 静置数分钟后,检查各测压管水位是否与溢水孔齐平。不齐平时,说明试样中或测压管接头处有集气阻隔,用吸水球进行吸水排气处理。
8. 提高调节管,使其高于溢水孔,然后将调节管与供水管分开,并将供水管置于金属圆筒内。开止水夹,使水由上部注入金属圆筒内。
9. 降低调节管管口,使其位于试样上部 1/3 高度处,形成的水位差使水渗入试样,经调节管流出。在渗透过程中应调节供水管夹,使供水管流量略多于溢出水量。溢水孔应始终有余水溢出,以保持常水位。</td><td colspan="2">
常水头渗透仪

天平

温度计
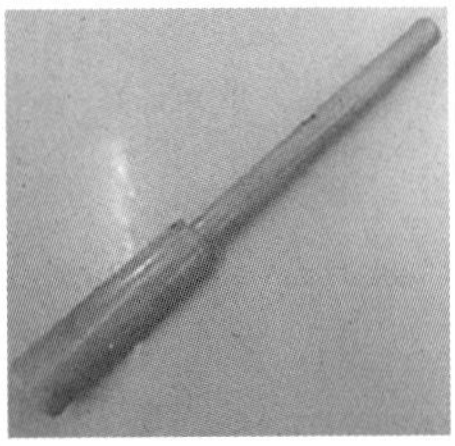
木锤</td><td></td></tr>
</table>

<table>
<tr><td>1</td><td>试验
步骤</td><td>10. 测压管水位稳定后,记录测压管水位,计算各测压管间的水位差。
11. 开动秒表,同时用量筒接取经一定时间的渗透水量,并重复 1 次。接取渗透水量时,调节管管口不得浸入水中。
12. 测记进水与出水处的水温,取平均值。
13. 降低调节管管口至试样中部及下部 1/3 处,以改变水力坡降,重复进行测定</td><td>
秒表</td><td></td></tr>
<tr><td>2</td><td>结果
计算</td><td>常水头渗透系数计算:
$$K_T = \frac{2QL}{At(H_1 + H_2)}$$
$$K_{20} = K_T \frac{\eta_T}{\eta_{20}}$$
式中 K_T——水温 T 时试样的渗透系数,cm/s;
Q——时间 t 内的渗透水量,cm^3;
L——渗径,cm,等于两测压孔中心间的试样高度;
A——试样面积,cm^2;
t——时间,s;
H_1、H_2——水位差,cm;
K_{20}——标准温度(20 ℃)时试样的渗透系数,cm/s;
η_T——水温 T 时水的动力黏滞系数,1×10^{-6} kPa · s;
η_{20}——20 ℃时水的动力黏滞系数,1×10^{-6} kPa · s。
比值 η_T/η_{20} 与温度的关系参照《土工试验方法标准》(GB/T 50123—2019)表 8.3.5-1 内容执行</td><td></td><td></td></tr>
<tr><td>3</td><td>试验
记录</td><td colspan="3">包括试样参数、设备参数、试验者、试验日期、试验数据等</td></tr>
<tr><td colspan="2">注意事项</td><td colspan="3">1. 装砂前要检查仪器的测压管及调节管是否堵塞。
2. 干砂饱和时,须将调节管接通水源让砂饱和。试验时,水源要直接流到试样筒里,水位与溢水孔齐平</td></tr>
<tr><td colspan="2">思考与练习</td><td colspan="3">1. 为什么渗透试验分层装样并用木锤轻轻击实?
2. 渗透试验为什么要量测试验用水的温度?
3. 影响土的渗透系数的因素有哪些?</td></tr>
</table>

3 试验成果单

实训情景一	室内土工试验	日期	
实训任务九	渗透试验	学时	2
工程实例	×××工程粗粒土渗透系数试验检测样表 码 1-28		
小组成员		班级 第(　　)组	
试验记录计算表	渗透试验记录表（见下表）		

渗透试验记录表

任务单号		试样高度/cm		干土质量/g		试验者	
试样编号		试样面积 A/cm^2		土料比重 G_s		计算者	
仪器名称及编号		试样说明		孔隙比 e		校核者	
测压孔间距/cm						试验日期	

试验次数	经过时间 t/s	测压管水位/cm			水位差/cm			水力坡降 J	渗透水量 Q/cm^3	渗透系数 K_T/(cm/s)	平均水温 T/℃	校正系数 $\frac{\eta_T}{\eta_{20}}$	水温 20 ℃渗透系数 K_{20}/(cm/s)	平均渗透系数 $\overline{K}_{20}$/(cm/s)	备注
		Ⅰ管	Ⅱ管	Ⅲ管	H_1	H_2	平均 $\overline{H}$								
	(1)	(2)	(3)	(4)	(5)	(6)	(7)	(8)	(9)	(10)	(11)	(12)	(13)	(14)	
					(2)−(3)	(3)−(4)	$\frac{(5)+(6)}{2}$	$\frac{(7)}{L}$	—	$\frac{(9)}{A\times(8)\times(1)}$	—	—	(10)×(12)	$\frac{\Sigma(13)}{n}$	

试验记录计算表	试验结论

4　任务评价单

<table>
<tr><td>实训情景一</td><td colspan="3">室内土工试验</td><td>日期</td><td></td></tr>
<tr><td>实训任务九</td><td colspan="3">渗透试验</td><td>学时</td><td>2</td></tr>
<tr><td>评价对象</td><td>评价项目</td><td>评价分值</td><td>评价得分</td><td colspan="2">评分依据</td></tr>
<tr><td rowspan="5">自我评价
(____分)</td><td>完成情况</td><td>20</td><td></td><td colspan="2">按要求完成实训任务</td></tr>
<tr><td>仪器使用</td><td>20</td><td></td><td colspan="2">正确规范操作仪器、爱护仪器</td></tr>
<tr><td>精度速度</td><td>30</td><td></td><td colspan="2">成果满足要求、精益求精、按时完成</td></tr>
<tr><td>实训纪律</td><td>10</td><td></td><td colspan="2">按时实训、遵守课堂纪律</td></tr>
<tr><td>团结合作</td><td>20</td><td></td><td colspan="2">服从安排、能配合其他组员工作</td></tr>
<tr><td rowspan="4">小组评价
(____分)</td><td>实训纪律</td><td>20</td><td></td><td colspan="2">不迟到、不早退</td></tr>
<tr><td>安全操作</td><td>20</td><td></td><td colspan="2">安全操作仪器、仪器未损坏</td></tr>
<tr><td>工作态度</td><td>20</td><td></td><td colspan="2">学习积极主动、有责任心</td></tr>
<tr><td>团队精神</td><td>40</td><td></td><td colspan="2">接受工作分配、有效沟通、主动帮助</td></tr>
<tr><td rowspan="6">教师评价
(____分)</td><td>操作程序</td><td>20</td><td></td><td colspan="2">操作程序正确、动作规范</td></tr>
<tr><td>操作速度</td><td>20</td><td></td><td colspan="2">操作速度快、按时完成实训任务</td></tr>
<tr><td>操作精度</td><td>20</td><td></td><td colspan="2">成果满足规范要求</td></tr>
<tr><td>数据记录</td><td>10</td><td></td><td colspan="2">记录规范完整,无转抄、涂改、抄袭现象</td></tr>
<tr><td>团结合作</td><td>20</td><td></td><td colspan="2">服从组长安排、能配合其他组员工作</td></tr>
<tr><td>实训纪律</td><td>10</td><td></td><td colspan="2">按时实训、遵守课堂纪律</td></tr>
<tr><td>最终得分</td><td colspan="5"></td></tr>
<tr><td>学生姓名</td><td colspan="2"></td><td>第(　　)组</td><td>组长签字</td><td></td></tr>
<tr><td>班　　级</td><td colspan="3"></td><td>教师签字</td><td></td></tr>
<tr><td>教师评语</td><td colspan="5"></td></tr>
</table>

5　教学反馈单

<table>
<tr><td colspan="2">实训情景一</td><td>室内土工试验</td><td>日期</td><td></td></tr>
<tr><td colspan="2">实训任务九</td><td>渗透试验</td><td>学时</td><td>2</td></tr>
<tr><td rowspan="5">学生
学习
反馈</td><td>1</td><td>我学到的知识点有</td><td colspan="2"></td></tr>
<tr><td>2</td><td>我掌握的技能点有</td><td colspan="2"></td></tr>
<tr><td>3</td><td>我不理解的地方有</td><td colspan="2"></td></tr>
<tr><td>4</td><td>我认为还需要深入学习和提高的地方有</td><td colspan="2"></td></tr>
<tr><td>5</td><td>在本次工作任务中,我的综合表现是</td><td colspan="2">★★★★★＿＿＿＿＿
★★★★＿＿＿＿＿
★★★＿＿＿＿＿</td></tr>
<tr><td colspan="5">我对老师本次教学的改进意见是:</td></tr>
<tr><td colspan="2">学生姓名</td><td></td><td>班级</td><td></td></tr>
</table>

实训任务十　固结试验

1　学生工作任务单

<table>
<tr><td colspan="2">实训情景一</td><td>室内土工试验</td><td>日期</td><td></td></tr>
<tr><td colspan="2">实训任务九</td><td>固结试验</td><td>学时</td><td>2</td></tr>
<tr><td colspan="2">工作任务</td><td colspan="3">采用压缩法测定原状土/重塑土的压缩性</td></tr>
<tr><td colspan="2">知识充电站</td><td colspan="3">土的压缩性微课
码 1-29</td></tr>
<tr><td rowspan="3">学习目标</td><td>素质目标</td><td colspan="3">1. 实训前必须熟悉实训作业手册。
2. 按时、按步骤完成当天的实训任务。
3. 实训室应保持肃静,组员间沟通讨论应低声交流,不得谈笑喧哗,不许搞其他动作,以免影响他人实训。
4. 实训过程中,不得抄写他人的实训记录;否则,须重做。如有疑问,应向指导教师询问清楚后方可进行。
5. 实训结束后负责整理仪器设备,打扫实训室,保持室内整洁,注意关闭电源、门窗</td></tr>
<tr><td>知识目标</td><td colspan="3">1. 理解压缩系数的概念及应用。
2. 掌握固结试验设备安装。
3. 掌握固结试验操作步骤。
4. 掌握固结试验成果整理。
5. 掌握固结试验表格填写</td></tr>
<tr><td>能力目标</td><td colspan="3">1. 能够熟练阐述固结试验原理。
2. 能够熟练使用试验设备安装试样。
3. 能够按操作步骤熟练开展固结试验。
4. 能够进行试验结果计算并填写试验表格。
5. 能够完成对试验结果的判定</td></tr>
<tr><td colspan="2">工作流程</td><td colspan="3">环刀取样/实验室制样→安装试件,调试设备→分级加压,测记量表读数→成果整理,填写表格</td></tr>
<tr><td colspan="2">参考资料</td><td colspan="3">《土工试验方法标准》(GB/T 50123—2019)</td></tr>
</table>

2　学习引导单

<table>
<tr><td>实训情景一</td><td colspan="2">室内土工试验</td><td>日期</td><td colspan="2"></td></tr>
<tr><td>实训任务十</td><td colspan="2">固结试验</td><td>学时</td><td colspan="2">2</td></tr>
<tr><td>仪器设备</td><td colspan="5">固结容器、加压设备、变形测量设备、百分表、天平、环刀、削土刀、称量盒等</td></tr>
<tr><td>技能充电站</td><td colspan="5">固结(压缩)试验视频
码 1-30</td></tr>
<tr><td>序号</td><td colspan="2">工作步骤</td><td colspan="2">主要仪器设备</td><td>备注</td></tr>
<tr><td>1</td><td>试样制备</td><td>环刀切取原状土样或按给定密度与含水率制备扰动土样</td><td colspan="2">
环刀</td><td></td></tr>
<tr><td>2</td><td>试验步骤</td><td>1. 根据工程需要,切取原状土试样或制备给定密度与含水率的扰动土试样。
2. 在固结容器内放置护环、透水板和薄滤纸,将带有环刀的试样小心装入护环,然后在试样上放薄滤纸、透水板和加压盖板,置于加压框架下,对准加压框架的正中,安装量表。
3. 施加预压小砝码(预压压力:1 kPa),保证试样与仪器上下各部件之间接触良好,然后调整量表,使读数为零。
4. 施加各级压力。加压等级宜为 12.5 kPa、25 kPa、50 kPa、100 kPa、200 kPa、400 kPa、800 kPa、1 600 kPa、3 200 kPa。最后一级的压力应大于上覆土层的计算压力 100~200 kPa。稳定标准为每级压力下固结 24 h 或试样变形每小时变化不大于 0.01 mm。测记稳定读数后,再施加第 2 级压力。依次逐级加压至试验结束。</td><td colspan="2">
固结容器

加压设备</td><td></td></tr>
</table>

2	试验步骤	5. 试验结束，迅速拆除仪器各部件，取出带环刀的试样，用干滤纸吸去试样两端表面上的水，测定其含水率	 百分表	
3	结果计算	固结试验各项指标计算： 1. 试样的初始孔隙比 e_0 $$e_0 = \frac{\rho_\omega G_s(1+0.001\omega_0)}{\rho_0} - 1$$ 式中　e_0——初始孔隙比。 2. 各级压力下固结稳定后的孔隙比 e_i $$e_i = e_0 - (1+e_0)\frac{\sum \Delta h_i}{h_0}$$ 式中　e_i——某级压力下的孔隙比； $\sum \Delta h_i$——某级压力下试样的总变形量，cm； h_0——试样初始高度，cm。 3. 某一压力范围内的压缩系数 a_v $$a_v = \frac{e_i - e_{i+1}}{p_{i+1} - p_i} \times 10^3$$ 式中　a_v——压缩系数，MPa^{-1}； p_i——某一单位压力值，kPa。		
4	试验记录	包括试样参数、试验者、试验日期、试验数据等		
注意事项		1. 先装好试样，再安装量表。在装量表的过程中，大指针调至零，量表杆头要有一定的伸缩范围，固定在量表架上。 2. 加荷时应按顺序加砝码，试验中不要震动试验台，以免指针产生移动。 3. 切削试样时，应耐心操作，尽量避免结构的破坏。边削边压环刀，不允许直接将环刀压入土中。在削去环刀两端余土时不允许用刀来回涂抹土面，避免孔隙被堵塞		
思考与练习		1. 土体产生压缩变形的实质是什么？ 2. 百分表如何安装？如何读数？ 3. 土样压缩稳定的标准是什么？		

3　试验成果单

实训情景一	室内土工试验	日期	
实训任务十	固结试验	学时	2
工程实例	×××工程固结试验检测样表		码 1-31
小组成员		班级 第(　　)组	
试验记录计算表			

任务单号				试验者			
试样编号				计算者			
试验日期				校核者			
仪器名称及编号							
试验初始高度 h_0 = ________ mm　试验前孔隙比 e_0 = ________　校正系数 $K = (h_n)_T/(h_n)_t$ = ________							
加压历时/h	压力 p /kPa	校正前试样总变形量$(h_i)_t$/mm	校正后试样总变形量$\sum \Delta h_i$/mm	压缩后试样高度 h/mm	孔隙比 e_i	压缩模量 E_s /MPa	压缩系数 a_v /MPa^{-1}
(1)	(2)	(3)	(4)	(5)	(6)	(7)	(8)
			$(4)=K(3)$	$(5)=h_0-(4)$	$(6)=e_0-\frac{(4)(1+e_0)}{h_0}$		

<table>
<tr><td>试验记录
计算表</td><td>
<table>
<tr><td>1</td><td></td><td></td><td></td><td></td><td></td><td></td><td></td></tr>
<tr><td>1</td><td></td><td></td><td></td><td></td><td></td><td></td><td></td></tr>
<tr><td>1</td><td></td><td></td><td></td><td></td><td></td><td></td><td></td></tr>
<tr><td>1</td><td></td><td></td><td></td><td></td><td></td><td></td><td></td></tr>
<tr><td>1</td><td></td><td></td><td></td><td></td><td></td><td></td><td></td></tr>
<tr><td>稳定</td><td></td><td></td><td></td><td></td><td></td><td></td><td></td></tr>
</table>
</td></tr>
<tr><td>试验绘图</td><td></td></tr>
<tr><td>试验结论</td><td></td></tr>
</table>

4　任务评价单

<table>
<tr><td>实训情景一</td><td colspan="2">室内土工试验</td><td>日期</td><td></td></tr>
<tr><td>实训任务十</td><td colspan="2">固结试验</td><td>学时</td><td>2</td></tr>
<tr><td>评价对象</td><td>评价项目</td><td>评价分值</td><td>评价得分</td><td>评分依据</td></tr>
<tr><td rowspan="5">自我评价
(____分)</td><td>完成情况</td><td>20</td><td></td><td>按要求完成实训任务</td></tr>
<tr><td>仪器使用</td><td>20</td><td></td><td>正确规范操作仪器、爱护仪器</td></tr>
<tr><td>精度速度</td><td>30</td><td></td><td>成果满足要求、精益求精、按时完成</td></tr>
<tr><td>实训纪律</td><td>10</td><td></td><td>按时实训、遵守课堂纪律</td></tr>
<tr><td>团结合作</td><td>20</td><td></td><td>服从安排、能配合其他组员工作</td></tr>
<tr><td rowspan="4">小组评价
(____分)</td><td>实训纪律</td><td>20</td><td></td><td>不迟到、不早退</td></tr>
<tr><td>安全操作</td><td>20</td><td></td><td>安全操作仪器、仪器未损坏</td></tr>
<tr><td>工作态度</td><td>20</td><td></td><td>学习积极主动、有责任心</td></tr>
<tr><td>团队精神</td><td>40</td><td></td><td>接受工作分配、有效沟通、主动帮助</td></tr>
<tr><td rowspan="6">教师评价
(____分)</td><td>操作程序</td><td>20</td><td></td><td>操作程序正确、动作规范</td></tr>
<tr><td>操作速度</td><td>20</td><td></td><td>操作速度快、按时完成实训任务</td></tr>
<tr><td>操作精度</td><td>20</td><td></td><td>成果满足规范要求</td></tr>
<tr><td>数据记录</td><td>10</td><td></td><td>记录规范完整，无转抄、涂改、抄袭现象</td></tr>
<tr><td>团结合作</td><td>20</td><td></td><td>服从组长安排、能配合其他组员工作</td></tr>
<tr><td>实训纪律</td><td>10</td><td></td><td>按时实训、遵守课堂纪律</td></tr>
<tr><td>最终得分</td><td colspan="4"></td></tr>
<tr><td>学生姓名</td><td colspan="2"></td><td>第(　　)组</td><td>组长签字</td><td></td></tr>
<tr><td>班　　级</td><td colspan="3"></td><td>教师签字</td><td></td></tr>
<tr><td>教师评语</td><td colspan="4"></td></tr>
</table>

5 教学反馈单

<table>
<tr><td colspan="2">实训情景一</td><td>室内土工试验</td><td>日期</td><td colspan="2"></td></tr>
<tr><td colspan="2">实训任务十</td><td>固结试验</td><td>学时</td><td colspan="2">2</td></tr>
<tr><td rowspan="5">学生学习反馈</td><td>1</td><td>我学到的知识点有</td><td colspan="3"></td></tr>
<tr><td>2</td><td>我掌握的技能点有</td><td colspan="3"></td></tr>
<tr><td>3</td><td>我不理解的地方有</td><td colspan="3"></td></tr>
<tr><td>4</td><td>我认为还需要深入学习和提高的地方有</td><td colspan="3"></td></tr>
<tr><td>5</td><td>在本次工作任务中,我的综合表现是</td><td colspan="3">☆☆☆☆☆
☆☆☆☆
☆☆☆</td></tr>
<tr><td colspan="6">我对老师本次教学的改进意见是:</td></tr>
<tr><td colspan="2">学生姓名</td><td></td><td>班级</td><td colspan="2"></td></tr>
</table>

实训任务十一　直接剪切试验

1　学生工作任务单

<table>
<tr><td colspan="2">实训情景一</td><td>室内土工试验</td><td>日期</td><td></td></tr>
<tr><td colspan="2">实训任务十一</td><td>直接剪切试验</td><td>学时</td><td>2</td></tr>
<tr><td colspan="2">工作任务</td><td colspan="3">采用快剪法测定天然土的抗剪强度指标</td></tr>
<tr><td colspan="2">知识充电站</td><td colspan="3">土的抗剪强度试验方法微课
码 1-32</td></tr>
<tr><td rowspan="3">学习目标</td><td>素质目标</td><td colspan="3">1. 实训前必须熟悉实训作业手册。
2. 按时、按步骤完成当天的实训任务。
3. 实训室应保持肃静，组员间沟通讨论应低声交流，不得谈笑喧哗，不许搞其他动作，以免影响他人实训。
4. 实训过程中，不得抄写他人的实训记录；否则，须重做。如有疑问，应向指导教师询问清楚后方可进行。
5. 实训结束后负责整理仪器设备，打扫实训室，保持室内整洁，注意关闭电源、门窗</td></tr>
<tr><td>知识目标</td><td colspan="3">1. 理解抗剪强度的概念及应用。
2. 掌握直接剪切试验设备安装。
3. 掌握直接剪切试验操作步骤。
4. 掌握直接剪切试验成果整理。
5. 掌握直接剪切试验表格填写</td></tr>
<tr><td>能力目标</td><td colspan="3">1. 能够熟练阐述直接剪切试验原理。
2. 能够熟练使用试验设备安装试样。
3. 能够按操作步骤熟练开展直接剪切试验。
4. 能够进行试验结果计算并填写试验表格。
5. 能够完成对试验结果的判定</td></tr>
<tr><td colspan="2">工作流程</td><td colspan="3">环刀取样→安装试件，调试设备→施加第一级荷载，旋转手轮剪切试样，测记每圈量表读数至不变/后退→更换试样，施加第二级荷载，按相同步骤对试样进行试验→重复进行，完成所有试样的试验→成果整理，填写表格</td></tr>
<tr><td colspan="2">参考资料</td><td colspan="3">《土工试验方法标准》(GB/T 50123—2019)</td></tr>
</table>

2　学习引导单

实训情景一	室内土工试验	日期	
实训任务十一	直接剪切试验	学时	2
仪器设备	应变控制式直剪仪、百分表、环刀、削土刀、电子天平、蜡纸		
技能充电站	直接剪切试验视频 码 1-33		

序号	工作步骤		主要仪器设备	备注
1	试样制备	环刀切取原状土样	环刀、削土刀	
2	试验步骤	1. 对准上下盒，插入固定销。在下盒内放不透水板。将装有试样的环刀平口向下，对准剪切盒口，在试样顶面放不透水板，然后将试样徐徐推入剪切盒内，移去环刀。 2. 转动手轮，使上盒前端钢珠刚好与百分表接触。调整百分表读数为零。顺次放加压盖板、钢珠、加压框架，安装垂直位移计，测记起始读数。 3. 施加垂直压力，立即拔去固定销。开动秒表，采用4~6 r/min 的均匀速度旋转手轮，使试样在 3~5 min 内剪损（当剪应力读数稳定或显著后退时，宜剪至剪切变形达到 4 mm。当剪应力读数继续增加时，剪切变形应达到 6 mm）。手轮每转一转，同时测记百分表读数并根据需要测记垂直位移读数，直至剪损。 4. 剪切结束后，吸去剪切盒中积水，倒转手轮，移去垂直压力、框架、钢珠、加压盖板等，取出试样。需要时，测定剪切面附近土的含水率	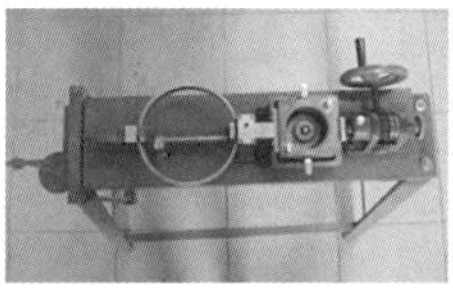 应变控制式直剪仪  百分表  电子天平	

3	结果计算	剪应力应按下式计算： $$\tau = \frac{CR}{A_0} \times 10$$ 式中　τ——剪应力，kPa； C——测力计率定系数，N/0.01 mm； R——测力计读数，0.01 mm； A_0——试样的初始面积，cm^2。		
4	试验记录	包括设备参数（钢环系数等）、试验者、试验日期、试验数据等		
注意事项		1. 百分表应安装稳固，并有足够的伸缩余地。当试样每小时的压缩量不超过 0.005 mm 时视为稳定。 2. 剪切过程中应均匀旋转，不得有间断，土样应不受振动。 3. 在剪切过程中，当发现应力钢环中百分表的读数不再变化或剪切位移将达 4 mm 时，认为土样已被剪断（若百分表读数继续增加，剪切变形应达 6 mm）。对于密实的砂土或坚硬的黏性土，应力钢环中百分表读数有回落现象，此时说明土样已被剪断。 4. 拿下剪力盒时，应注意不要使盒上的钢球脱落		
思考与练习		1. 直接剪切试验的百分表如何安装？ 2. 各级荷载的抗剪强度如何确定？ 3. 抗剪强度指标如何判定？		

3 试验成果单

实训情景一	室内土工试验	日期	
实训任务十一	直接剪切试验	学时	2
工程实例	×××工程直接剪切试验检测样表 码 1-34		
小组成员		班级 第(　　)组	
试验记录计算表			

任务单号			试验者	
试样编号			计算者	
仪器名称及编号			校核者	
			试验日期	
剪切前固结时间/min			剪切前压缩量/mm	
垂直压力 p/kPa			剪切历时/min	
测力计率定系数 C/(N/0.01 mm)			抗剪强度/kPa	
手轮转数/转	测力计读数 R/0.01 mm	剪切位移 Δl/0.01 mm	剪应力 τ/kPa	垂直位移/0.01 mm
(1)	(2)	(3)=(1)×20−(2)	$(4)=\frac{(2)\times C}{A_0}\times 10$	
1				
2				

<table>
<tr><td rowspan="6">试验记录
计算表</td><td>3</td><td></td><td></td><td></td><td></td></tr>
<tr><td>4</td><td></td><td></td><td></td><td></td></tr>
<tr><td>5</td><td></td><td></td><td></td><td></td></tr>
<tr><td>6</td><td></td><td></td><td></td><td></td></tr>
<tr><td>⋮</td><td></td><td></td><td></td><td></td></tr>
<tr><td>32</td><td></td><td></td><td></td><td></td></tr>
<tr><td>试验绘图</td><td colspan="5"></td></tr>
<tr><td>试验结论</td><td colspan="5"></td></tr>
</table>

4 任务评价单

<table>
<tr><td>实训情景一</td><td colspan="3">室内土工试验</td><td>日期</td><td></td></tr>
<tr><td>实训任务十一</td><td colspan="3">直接剪切试验</td><td>学时</td><td>2</td></tr>
<tr><td>评价对象</td><td>评价项目</td><td>评价分值</td><td>评价得分</td><td colspan="2">评分依据</td></tr>
<tr><td rowspan="5">自我评价
(____分)</td><td>完成情况</td><td>20</td><td></td><td colspan="2">按要求完成实训任务</td></tr>
<tr><td>仪器使用</td><td>20</td><td></td><td colspan="2">正确规范操作仪器、爱护仪器</td></tr>
<tr><td>精度速度</td><td>30</td><td></td><td colspan="2">成果满足要求、精益求精、按时完成</td></tr>
<tr><td>实训纪律</td><td>10</td><td></td><td colspan="2">按时实训、遵守课堂纪律</td></tr>
<tr><td>团结合作</td><td>20</td><td></td><td colspan="2">服从安排、能配合其他组员工作</td></tr>
<tr><td rowspan="4">小组评价
(____分)</td><td>实训纪律</td><td>20</td><td></td><td colspan="2">不迟到、不早退</td></tr>
<tr><td>安全操作</td><td>20</td><td></td><td colspan="2">安全操作仪器、仪器未损坏</td></tr>
<tr><td>工作态度</td><td>20</td><td></td><td colspan="2">学习积极主动、有责任心</td></tr>
<tr><td>团队精神</td><td>40</td><td></td><td colspan="2">接受工作分配、有效沟通、主动帮助</td></tr>
<tr><td rowspan="6">教师评价
(____分)</td><td>操作程序</td><td>20</td><td></td><td colspan="2">操作程序正确、动作规范</td></tr>
<tr><td>操作速度</td><td>20</td><td></td><td colspan="2">操作速度快、按时完成实训任务</td></tr>
<tr><td>操作精度</td><td>20</td><td></td><td colspan="2">成果满足规范要求</td></tr>
<tr><td>数据记录</td><td>10</td><td></td><td colspan="2">记录规范完整，无转抄、涂改、抄袭现象</td></tr>
<tr><td>团结合作</td><td>20</td><td></td><td colspan="2">服从组长安排、能配合其他组员工作</td></tr>
<tr><td>实训纪律</td><td>10</td><td></td><td colspan="2">按时实训、遵守课堂纪律</td></tr>
<tr><td>最终得分</td><td colspan="5"></td></tr>
<tr><td>学生姓名</td><td colspan="2"></td><td>第(　　)组</td><td>组长签字</td><td></td></tr>
<tr><td>班　　级</td><td colspan="3"></td><td>教师签字</td><td></td></tr>
<tr><td>教师评语</td><td colspan="5"></td></tr>
</table>

5　教学反馈单

<table>
<tr><td colspan="2">实训情景一</td><td colspan="2">室内土工试验</td><td>日期</td><td></td></tr>
<tr><td colspan="2">实训任务十一</td><td colspan="2">直接剪切试验</td><td>学时</td><td>2</td></tr>
<tr><td rowspan="5">学生
学习
反馈</td><td>1</td><td>我学到的知识点有</td><td colspan="3"></td></tr>
<tr><td>2</td><td>我掌握的技能点有</td><td colspan="3"></td></tr>
<tr><td>3</td><td>我不理解的地方有</td><td colspan="3"></td></tr>
<tr><td>4</td><td>我认为还需要深入学习和提高的地方有</td><td colspan="3"></td></tr>
<tr><td>5</td><td>在本次工作任务中,我的综合表现是</td><td colspan="3">★★★★★____
★★★★____
★★★____</td></tr>
<tr><td colspan="6">我对老师本次教学的改进意见是:</td></tr>
<tr><td colspan="2">学生姓名</td><td colspan="2"></td><td>班级</td><td></td></tr>
</table>

实训任务十二　三轴压缩试验

1　学生工作任务单

<table>
<tr><td colspan="2">实训情景一</td><td>室内土工试验</td><td>日期</td><td></td></tr>
<tr><td colspan="2">实训任务十二</td><td>三轴压缩试验</td><td>学时</td><td>2</td></tr>
<tr><td colspan="2">工作任务</td><td colspan="3">采用不固结不排水(UU)试验法测定细粒土和砂类土的 c、φ 值</td></tr>
<tr><td colspan="2">知识充电站</td><td colspan="3">三轴压缩试验原理、方法和应用微课
码 1-35</td></tr>
<tr><td rowspan="3">学习目标</td><td>素质目标</td><td colspan="3">1. 实训前必须熟悉实训作业手册。
2. 按时、按步骤完成当天的实训任务。
3. 实训室应保持肃静，组员间沟通讨论应低声交流，不得谈笑喧哗，不许搞其他动作，以免影响他人实训。
4. 实训过程中，不得抄写他人的实训记录；否则，须重做。如有疑问，应向指导教师询问清楚后方可进行。
5. 实训结束后负责整理仪器设备，打扫实训室，保持室内整洁，注意关闭电源、门窗</td></tr>
<tr><td>知识目标</td><td colspan="3">1. 理解三轴压缩的定义及试验原理。
2. 掌握三轴压缩试件的制作及试件描述。
3. 掌握三轴压缩试验步骤。
4. 掌握三轴压缩试验成果整理。
5. 掌握三轴压缩试验表格的填写。
6. 理解三轴压缩试验过程中的注意事项</td></tr>
<tr><td>能力目标</td><td colspan="3">1. 能够制出符合试验条件的试验试件。
2. 能够熟练使用试验设备。
3. 能够熟练掌握试验原理及试验步骤。
4. 能够进行试验结果计算并填写试验表格。
5. 能够完成对试验结果的判定</td></tr>
<tr><td colspan="2">工作流程</td><td colspan="3">试样制备→试样安装→注水施加周围压力→安装量测设备→开机剪切试样→成果整理，填写表格</td></tr>
<tr><td colspan="2">参考资料</td><td colspan="3">《土工试验方法标准》(GB/T 50123—2019)</td></tr>
</table>

2　学习引导单

实训情景一	室内土工试验	日期	
实训任务十二	三轴压缩试验	学时	2
仪器设备	应变控制式三轴仪、击实器、天平、负荷传感器、位移传感器等		
技能充电站	三轴压缩试验视频 码 1-36		

序号	工作步骤		主要仪器设备	备注
1	试样制备	1. 安装三瓣膜到击实器底座，套紧箍圈，装入预先制备的土样分 5 层击实，整平试样两端，称其质量。 2. 试样两端加透水石，推三瓣膜，将橡皮膜套在承膜筒内，两端翻出筒外，吸气使膜贴紧承膜筒内壁，放入试样	 击实器	
2	试验步骤	1. 在压力室底座上放置不透水板、滤纸、试样，橡皮膜下部外翻套入底座，上部外翻取出承膜筒，用橡皮圈将橡皮膜扎紧在压力室底座上。 2. 对开模卡橡皮膜，缺口对底座管路。传压头套箍圈，箍圈固定对开模。橡皮膜外翻套对开模。试样顶部放滤纸，再放传压头，外翻橡皮膜套传压头，用橡皮圈将橡皮膜扎紧在传压头上。取下箍圈和对开模。 3. 安装压力室罩，将活塞对准传压头中心，旋紧螺母。 4. 开排气孔，向压力室充水，当压力室内快注满水时，降低进水速度，水从排气孔溢出时，关闭排气孔。 5. 关体变传感器或体变管阀及孔隙压力阀，开周围压力阀，施加周围压力（与工程的实际小主应力 σ_3 相适应，并尽可能使最大周围压力与土体的最大实际小主应力 σ_3 相等；也可按 100 kPa、200 kPa、300 kPa、400 kPa 施加）。	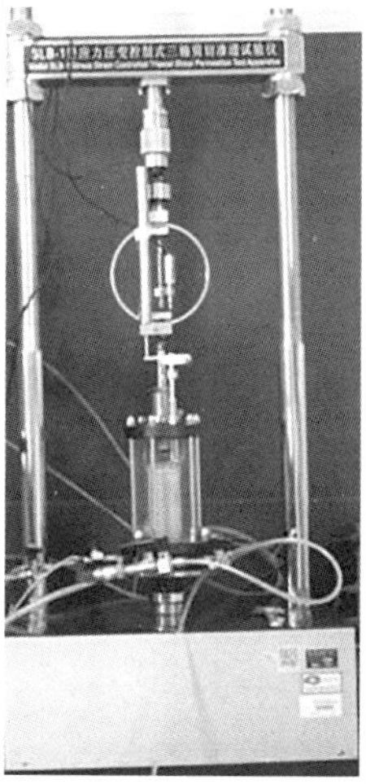 应变控制式三轴仪	

2	试验步骤	6. 上升升降台，当轴向测力计有微读数时表示活塞已与试样帽接触时，记下轴向位移读数，即固结下沉量 Δh_c，然后算出固结后试样高度 h_c（$h_c=h_0-\Delta h_c$），固结后试样面积 A_c（$A_c=\frac{V_0-\Delta V}{h_c}$，其中 V_0 为试样初始体积，ΔV 为固结排水量）。然后将轴向负荷传感器或测力计、轴向位移传感器或位移计的读数调整到零位。 7. 开机剪切［剪切应变速率宜为（0.5～1.0）%/min］。开始阶段，试样每产生轴向应变 0.3%～0.4%时，测记轴向力和轴向位移读数各 1 次。在轴向应变达 3%以后，读数间隔可延长为每产生轴向应变 0.7%～0.8%时各测记 1 次。在接近峰值时应加密读数。当出现峰值时，再继续剪 3%～5%轴向应变；轴向力读数无明显减少时，剪切至轴向应变达 15%～20%。 8. 试验结束后，关闭电动机，下降升降台，开排气孔，排去压力室内的水，拆除压力室罩，揩干试样周围的余水，脱去试样外的橡皮膜，描述破坏后形状，称试样质量，测定试验后含水率		
3	结果计算	三轴压缩试验的各项指标： 1. 试样的轴向应变 ε_1 $\varepsilon_1=\frac{\Delta h_i}{h_0}\times 100\%$ 式中　ε_1——轴向应变； h_0——试样试验前高度，cm； Δh_i——剪切过程中试样的轴向变形，cm。 2. 试样校正后面积 A_a $A_a=\frac{A_0}{1-0.01\varepsilon_1}$ 式中　A_a——试样校正后面积，cm^2； A_0——试样试验前面积，cm^2。 3. 试样所受主应力差（$\sigma_1-\sigma_3$） $\sigma_1-\sigma_3=\frac{CR}{A_a}\times 10$ 式中　（$\sigma_1-\sigma_3$）——主应力差，kPa； σ_1——大主应力，kPa； σ_3——小主应力，kPa； C——测力计率定系数，N/0.01 mm； R——测力计读数，0.01 mm； A_a—试样校正后的面积，cm^2。		

3	结果计算	4. 有效主应力比$\frac{\sigma_1'}{\sigma_3'}$ $$\frac{\sigma_1'}{\sigma_3'}=\frac{\sigma_1-\sigma_3}{\sigma_3'}+1$$ 式中　σ_1'、σ_3'——有效大主应力、有效小主应力,kPa; σ_1、σ_3——大主应力、小主应力,kPa。 5. 孔隙压力系数 B 和 A $$B=\frac{u_0}{\sigma_3}$$ $$A=\frac{u_d}{B(\sigma_1-\sigma_3)}$$ 式中　u_0——试样在周围压力下产生的初始孔隙压力,kPa; u_d——试样在主应力差$(\sigma_1-\sigma_3)$下产生的孔隙压力,kPa。		
4	试验记录	包括工程名称、试件编号、试样状态、试验者、试验日期等		
注意事项		1. 操作前应仔细检查试验仪器,包括检查仪器各部分以及配套设备是否工作正常,确认量力环等量测仪器的精度等。 2. 在试验过程中应注意将仪器读数粗略绘制成图,以便根据试验进行的大致情况做出调整,避免在试验即将结束或者已经结束时再集中汇总整理数据		
思考与练习		1. 三轴压缩试验和直剪试验有什么不同? 2. 三轴压缩试验中如何制备黏性土扰动土样? 3. 轴向加荷速率对三轴压缩试验结果有什么影响?		

3 试验成果单

实训情景一	室内土工试验	日期	
实训任务十二	三轴压缩试验	学时	2
工程实例	×××工程三轴压缩试验检测样表		码 1-37
小组成员		班级 第(　　)组	

试验记录计算表

三轴压缩试验检测记录表(一)

工程名称		试验者	
试样编号		计算者	
试样说明		校核者	
试验方法		试验日期	

试样状态					
项目	起始值	固结后	剪切后	周围压力 σ_3 /kPa	
直径 D /cm				反压力 u_0 /kPa	
高度 h_0 /cm				周围压力下的孔隙压力 u /kPa	
面积 A /cm^2					
体积 V /cm^3				孔隙压力系数 $B = u_0/\sigma_3$	
质量 m /g				破坏应变 ε_f /%	
湿密度 ρ /(g/cm^3)					
干密度 ρ_d /(g/cm^3)				破坏主应力差 $(\sigma_1 - \sigma_3)_f$ /kPa	

试验记录计算表

<table>
<tr><td colspan="3">试样含水率</td><td>破坏主应力 σ_{1f} /kPa</td><td></td></tr>
<tr><td colspan="2">起始值</td><td>剪切后</td><td rowspan="3">破坏孔隙压力系数 $\overline{B_f}=\frac{u_f}{\sigma_{3f}}$</td><td rowspan="3"></td></tr>
<tr><td>盒号</td><td></td><td></td></tr>
<tr><td>盒质量/g</td><td></td><td></td></tr>
<tr><td>盒加湿土质量/g</td><td></td><td></td><td rowspan="2">相应的有效大主应力 σ_1'/kPa</td><td rowspan="2"></td></tr>
<tr><td>湿土质量 m /g</td><td></td><td></td></tr>
<tr><td>盒加干土质量/g</td><td></td><td></td><td rowspan="2">相应的有效小主应力 σ_3'/kPa</td><td rowspan="2"></td></tr>
<tr><td>干土质量 m_d /g</td><td></td><td></td></tr>
<tr><td>水质量/g</td><td></td><td></td><td rowspan="2">最大有效主应力比 $\left(\frac{\sigma_1'}{\sigma_3'}\right)_{max}$</td><td rowspan="2"></td></tr>
<tr><td>含水率 ω /%</td><td></td><td></td></tr>
<tr><td>饱和度 S_r</td><td></td><td></td><td>孔隙水压力系数 $A_f=\frac{u_{df}}{B(\sigma_1-\sigma_3)_f}$</td><td></td></tr>
<tr><td>试样破坏情况的描述</td><td colspan="4">呈鼓状破坏</td></tr>
<tr><td>备注</td><td colspan="4"></td></tr>
</table>

试验记录计算表

三轴压缩试验检测记录表（二）

试样编号									试验者						
周围压力									计算者						
试验日期									校核者						
加反压力过程							说明（检验结果）	固结过程							说明
时间/min	周围压力 σ_3/kPa	反压力 u_σ/kPa	孔隙压力 u/kPa	孔隙压力增量 Δu	试样体积变化			时间/min	量管		孔隙压力 u		体变管		
					读数/cm^3	体变量/cm^3			读数	排水量/cm^3	读数/kPa	压力值/kPa	读数/cm^3	体变值/cm^3	

试验记录计算表

三轴压缩试验检测记录表(三)

试样编号		试验者	
试验方法		计算者	
试验日期		校核者	

周围压力 σ_3 = ______ kPa　　　固结下沉量 Δh_c = ______ cm

剪切应变速率 = ______ mm/min　　　固结后高度 h_c = ______ cm

测力计率定系数 C = ______ N/0.01 mm　　　固结后面积 A_c = ______ cm^2

轴向变形读数 Δh_i/0.01 mm	轴向应变 ε_1/%, $\varepsilon_1=\frac{\Delta h_i}{h_c\times 10}$	试样校正后面积 A_a/cm^2, $A_a=\frac{A_c}{1-\varepsilon_1\times 0.01}$	测力计表读数 R/0.01 mm	主应力差 $\sigma_1-\sigma_3$/kPa, $\sigma_1-\sigma_3=\frac{CR}{A_a}\times 10$	大主应力 σ_1/kPa, $\sigma_1=\sigma_3+(\sigma_1-\sigma_3)$	孔隙压力 u：读数/kPa	孔隙压力 u：压力值/kPa	试样体积变化：排水管：读数/cm^3	试样体积变化：排水管：排出水量/cm^3	试样体积变化：体积变化：读数/cm^3	试样体积变化：体积变化：体变量/cm^3	有效大主应力 σ'_1/kPa	有效小主应力 σ'_3/kPa	有效主应力比 $\frac{\sigma'_1}{\sigma'_3}$	$\frac{\sigma_1-\sigma_3}{2}$/kPa	$\frac{\sigma_1+\sigma_3}{2}$/kPa	$\frac{\sigma_1+\sigma_3}{3}$/kPa

试验绘图	
试验结论	

4　任务评价单

实训情景一	室内土工试验			日期	
实训任务十二	三轴压缩试验			学时	2
评价对象	评价项目	评价分值	评价得分	评分依据	
自我评价 (____分)	完成情况	20		按要求完成实训任务	
	仪器使用	20		正确规范操作仪器、爱护仪器	
	精度速度	30		成果满足要求、精益求精、按时完成	
	实训纪律	10		按时实训、遵守课堂纪律	
	团结合作	20		服从安排、能配合其他组员工作	
小组评价 (____分)	实训纪律	20		不迟到、不早退	
	安全操作	20		安全操作仪器、仪器未损坏	
	工作态度	20		学习积极主动、有责任心	
	团队精神	40		接受工作分配、有效沟通、主动帮助	
教师评价 (____分)	操作程序	20		操作程序正确、动作规范	
	操作速度	20		操作速度快、按时完成实训任务	
	操作精度	20		成果满足规范要求	
	数据记录	10		记录规范完整,无转抄、涂改、抄袭现象	
	团结合作	20		服从组长安排、能配合其他组员工作	
	实训纪律	10		按时实训、遵守课堂纪律	
最终得分					
学生姓名			第(　　)组	组长签字	
班　　级				教师签字	
教师评语					

5　教学反馈单

<table>
<tr><td>实训情景一</td><td colspan="2">室内土工试验</td><td>日期</td><td></td></tr>
<tr><td>实训任务十二</td><td colspan="2">三轴压缩试验</td><td>学时</td><td>2</td></tr>
<tr><td rowspan="5">学生学习反馈</td><td>1</td><td>我学到的知识点有</td><td colspan="2"></td></tr>
<tr><td>2</td><td>我掌握的技能点有</td><td colspan="2"></td></tr>
<tr><td>3</td><td>我不理解的地方有</td><td colspan="2"></td></tr>
<tr><td>4</td><td>我认为还需要深入学习和提高的地方有</td><td colspan="2"></td></tr>
<tr><td>5</td><td>在本次工作任务中，我的综合表现是</td><td colspan="2">★★★★★ ____
★★★★ ____
★★★ ____</td></tr>
<tr><td colspan="5">我对老师本次教学的改进意见是：</td></tr>
<tr><td>学生姓名</td><td colspan="2"></td><td>班级</td><td></td></tr>
</table>

实训任务十三　无黏性土休止角试验

1　学生工作任务单

<table>
<tr><td colspan="2">实训情景一</td><td>室内土工试验</td><td>日期</td><td></td></tr>
<tr><td colspan="2">实训任务十三</td><td>无黏性土休止角试验</td><td>学时</td><td>2</td></tr>
<tr><td colspan="2">工作任务</td><td colspan="3">采用圆盘提升法测定粒径小于 5 mm 且不含粉粒的砂类土在天然状态下的休止角</td></tr>
<tr><td colspan="2">知识充电站</td><td colspan="3">无黏性土休止角试验原理、方法和应用微课
码 1-38</td></tr>
<tr><td rowspan="3">学习目标</td><td>素质目标</td><td colspan="3">1. 实训前必须熟悉实训作业手册。
2. 按时、按步骤完成当天的实训任务。
3. 实训室应保持肃静，组员间沟通讨论应低声交流，不得谈笑喧哗，不许搞其他动作，以免影响他人实训。
4. 实训过程中，不得抄写他人的实训记录；否则，须重做。如有疑问，应向指导教师询问清楚后方可进行。
5. 实训结束后负责整理仪器设备，打扫实训室，保持室内整洁，注意关闭电源、门窗</td></tr>
<tr><td>知识目标</td><td colspan="3">1. 理解无黏性土休止角的概念及应用。
2. 掌握无黏性土休止角试验设备安装。
3. 掌握无黏性土休止角试验操作步骤。
4. 掌握无黏性土休止角试验成果整理。
5. 掌握无黏性土休止角试验表格填写</td></tr>
<tr><td>能力目标</td><td colspan="3">1. 能够熟练阐述无黏性土休止角试验原理。
2. 能够熟练使用试验设备安装试样。
3. 能够按操作步骤熟练开展无黏性土休止角试验。
4. 能够进行试验结果计算并填写试验表格。
5. 能够完成对试验结果的判定</td></tr>
<tr><td colspan="2">工作流程</td><td colspan="3">取代表性风干试样→调整试验设备，安装试样→转动圆盘，测试无黏性土休止角→成果整理，填写表格</td></tr>
<tr><td colspan="2">参考资料</td><td colspan="3">《土工试验方法标准》（GB/T 50123—2019）</td></tr>
</table>

2　学习引导单

实训情景一	室内土工试验	日期	
实训任务十三	无黏性土休止角试验	学时	2
仪器设备	天然坡角测定仪、勺子、水槽、筛网等		
技能充电站	无黏性土休止角试验视频 码 1-39		

序号		工作步骤	主要仪器设备	备注
1	试样制备	无黏性土充分风干,过筛网(2 mm/5 mm)	 筛网	
2	试验步骤	1. 取代表性的充分风干试样若干,选择相应的圆盘(圆盘直径 10 cm 适用粒径小于 2 mm 试样,圆盘直径 20 cm 适用粒径小于 5 mm 试样)。 2. 转动制动器,使圆盘落在底盘中。 3. 用勺沿铁杆四周倾倒试样,勺离试样表面高度始终保持在 1 cm 左右,直至圆盘外缘盖满。 4. 慢慢转动制动器,使圆盘平稳升起,直至离开底盘内的试样。测记锥顶与铁杆接触处的刻度(h_{zc})。 5. 测定水下状态休止角时,先将盛土圆盘慢慢沉入水槽(水槽内水面达铁杆零刻度处),转动制动器降下圆盘,当锥体顶端达水面时,测记锥顶与铁杆接触处刻度(h_{zm})。 6. 根据测得的 h_{zc} 和 h_{zm} 值,计算其休止角。试验进行两次平行测定,取其算术平均值,以整数(°)表示	 天然坡角测定仪	

3	结果计算	风干状态及水下状态休止角应按下列公式计算： $\alpha_c = \arctan(2h_{zc}/d_z)$ $\alpha_m = \arctan(2h_{zm}/d_z)$ 式中　α_c——风干状态休止角，(°)； α_m——水下状态休止角，(°)； h_{zc}——风干状态试样堆积圆锥高度，cm； h_{zm}——水下状态试样堆积圆锥高度，cm； d_z——圆锥底面直径 cm。		
4	试验记录	包括试样说明、试验者、试验日期、试验数据等		
注意事项		1. 圆盘直径愈大，测得的结果愈准确，圆盘直径下限应视试样粒径上限而定。 2. 在试验中可采用带底盘的设备，按无底盘的方法倒入试样，可以避免底盘的影响		
思考与练习		1. 无黏性土若混入黏粒，对试验结果有什么影响？ 2. 无黏性土的休止角与内摩擦角有什么关系？ 3. 无黏性土为什么需要充分风干？		

3　试验成果单

实训情景一	室内土工试验	日期	
实训任务十三	无黏性土休止角试验	学时	2
工程实例	×××工程无黏性土休止角试验检测样表 码 1-40		
小组成员		班级 第(　　)组	
试验记录计算表	（见下表）		
试验结论			

无黏性土休止角试验检测记录表

试样说明		试验者	
圆锥底面直径 d_z/cm		计算者	
试验日期		校核者	

试样编号	充分风干状态休止角 α_c			水下状态休止角 α_m		
	读数		平均值	读数		平均值
	h_{zc}/cm	(°)	(°)	h_{zm}/cm	(°)	(°)

4　任务评价单

<table>
<tr><td>实训情景一</td><td colspan="2">室内土工试验</td><td>日期</td><td></td></tr>
<tr><td>实训任务十三</td><td colspan="2">无黏性土休止角试验</td><td>学时</td><td>2</td></tr>
<tr><td>评价对象</td><td>评价项目</td><td>评价分值</td><td>评价得分</td><td>评分依据</td></tr>
<tr><td rowspan="5">自我评价
(____分)</td><td>完成情况</td><td>20</td><td></td><td>按要求完成实训任务</td></tr>
<tr><td>仪器使用</td><td>20</td><td></td><td>正确规范操作仪器、爱护仪器</td></tr>
<tr><td>精度速度</td><td>30</td><td></td><td>成果满足要求、精益求精、按时完成</td></tr>
<tr><td>实训纪律</td><td>10</td><td></td><td>按时实训、遵守课堂纪律</td></tr>
<tr><td>团结合作</td><td>20</td><td></td><td>服从安排、能配合其他组员工作</td></tr>
<tr><td rowspan="4">小组评价
(____分)</td><td>实训纪律</td><td>20</td><td></td><td>不迟到、不早退</td></tr>
<tr><td>安全操作</td><td>20</td><td></td><td>安全操作仪器、仪器未损坏</td></tr>
<tr><td>工作态度</td><td>20</td><td></td><td>学习积极主动、有责任心</td></tr>
<tr><td>团队精神</td><td>40</td><td></td><td>接受工作分配、有效沟通、主动帮助</td></tr>
<tr><td rowspan="6">教师评价
(____分)</td><td>操作程序</td><td>20</td><td></td><td>操作程序正确、动作规范</td></tr>
<tr><td>操作速度</td><td>20</td><td></td><td>操作速度快、按时完成实训任务</td></tr>
<tr><td>操作精度</td><td>20</td><td></td><td>成果满足规范要求</td></tr>
<tr><td>数据记录</td><td>10</td><td></td><td>记录规范完整，无转抄、涂改、抄袭现象</td></tr>
<tr><td>团结合作</td><td>20</td><td></td><td>服从组长安排、能配合其他组员工作</td></tr>
<tr><td>实训纪律</td><td>10</td><td></td><td>按时实训、遵守课堂纪律</td></tr>
<tr><td>最终得分</td><td colspan="4"></td></tr>
<tr><td>学生姓名</td><td colspan="2"></td><td>第(　　)组</td><td>组长签字</td></tr>
<tr><td>班　　级</td><td colspan="3"></td><td>教师签字</td></tr>
<tr><td>教师评语</td><td colspan="4"></td></tr>
</table>

5　教学反馈单

<table>
<tr><td>实训情景一</td><td colspan="2">室内土工试验</td><td>日期</td><td></td></tr>
<tr><td>实训任务十三</td><td colspan="2">无黏性土休止角试验</td><td>学时</td><td>2</td></tr>
<tr><td rowspan="5">学生
学习
反馈</td><td>1</td><td>我学到的知识点有</td><td colspan="2"></td></tr>
<tr><td>2</td><td>我掌握的技能点有</td><td colspan="2"></td></tr>
<tr><td>3</td><td>我不理解的地方有</td><td colspan="2"></td></tr>
<tr><td>4</td><td>我认为还需要深入学习和提高的地方有</td><td colspan="2"></td></tr>
<tr><td>5</td><td>在本次工作任务中，我的综合表现是</td><td colspan="2">★★★★★ ____
★★★★ ____
★★★ ____</td></tr>
<tr><td colspan="5">我对老师本次教学的改进意见是：</td></tr>
<tr><td>学生姓名</td><td colspan="2"></td><td>班级</td><td></td></tr>
</table>

实训任务十四　承载比试验

1　学生工作任务单

<table>
<tr><td colspan="2">实训情景一</td><td>室内土工试验</td><td>日期</td><td></td></tr>
<tr><td colspan="2">实训任务十四</td><td>承载比试验</td><td>学时</td><td>2</td></tr>
<tr><td colspan="2">工作任务</td><td colspan="3">采用击实法测定扰动土的承载比 CBR</td></tr>
<tr><td colspan="2">知识充电站</td><td colspan="3">土的承载比试验原理、方法和应用微课
码 1-41</td></tr>
<tr><td rowspan="3">学习目标</td><td>素质目标</td><td colspan="3">1. 实训前必须熟悉实训作业手册。
2. 按时、按步骤完成当天的实训任务。
3. 实训室应保持肃静，组员间沟通讨论应低声交流，不得谈笑喧哗，不许搞其他动作，以免影响他人实训。
4. 实训过程中，不得抄写他人的实训记录；否则，须重做。如有疑问，应向指导教师询问清楚后方可进行。
5. 实训结束后负责整理仪器设备，打扫实训室，保持室内整洁，注意关闭电源、门窗</td></tr>
<tr><td>知识目标</td><td colspan="3">1. 理解承载比的概念及应用。
2. 掌握承载比试验设备安装。
3. 掌握承载比试验操作步骤。
4. 掌握承载比试验成果整理。
5. 掌握承载比试验表格填写</td></tr>
<tr><td>能力目标</td><td colspan="3">1. 能够熟练阐述承载比试验原理。
2. 能够熟练使用试验设备安装试样。
3. 能够按操作步骤熟练开展承载比试验。
4. 能够进行试验结果计算并填写试验表格。
5. 能够完成对试验结果的判定</td></tr>
<tr><td colspan="2">工作流程</td><td colspan="3">风干土制样→试筒称重→加土击实→测试样密度和含水率→试样加多孔板和荷载板，浸水测膨胀量→试样放强度试验仪升降台，匀速压入贯入杆→测量百分表读数和测力计读数→成果整理，填写表格</td></tr>
<tr><td colspan="2">参考资料</td><td colspan="3">《土工试验方法标准》（GB/T 50123—2019）。
《公路土工试验规程》（JTG 3430—2020）</td></tr>
</table>

2　学习引导单

<table>
<tr><td colspan="2">实训情景一</td><td>室内土工试验</td><td>日期</td><td></td></tr>
<tr><td colspan="2">实训任务十四</td><td>承载比试验</td><td>学时</td><td>2</td></tr>
<tr><td colspan="2">仪器设备</td><td colspan="3">击实仪、贯入仪、标准筛、台秤、天平、承载比试验仪等</td></tr>
<tr><td colspan="2">技能充电站</td><td colspan="3">土的承载比试验视频
码 1-42</td></tr>
<tr><td>序号</td><td colspan="2">工作步骤</td><td>主要仪器设备</td><td>备注</td></tr>
<tr><td>1</td><td>试样制备</td><td>取代表性的风干试料碾碎，过 20 mm 筛，测定其含水率，按最优含水率制样，掺水将试料充分拌匀后装入密闭容器或塑料口袋内浸润</td><td>
20 mm 筛</td><td></td></tr>
<tr><td>2</td><td>试验步骤</td><td>1. 称试筒质量(m_1)，固定试筒在底板上，将垫块放入筒内，在垫块上放一张滤纸，安装套环。
2. 取备好的试样分 3 次倒入筒内(每层需试样 1 500~1 750 g，使击实后的试样高出 1/3 筒高 1~2 mm)。整平表面，并稍加压紧，然后按规定的击数依次进行三层试样的击实。大试筒击实后，试样不宜高出筒高 10 mm。
3. 每击实 3 筒试样，取样进行含水率试验。
4. 卸下套环，用直刮刀沿试筒顶修平击实的试样，表面不平整处用细料修补。取出垫块，称试筒和试样的质量(m_2)。
5. 试样制成后，取下试样顶面的破残滤纸，放一张好滤纸，并在其上安装附有调节杆的多孔板，在多孔板上加 4 块荷载板。
6. 试筒与多孔板一起放入槽内(先不放水)，用拉杆将模具拉紧，安装百分表，读取初读数。
7. 向水槽内注水，漫过试筒顶部，水面保持在试筒顶面以上约 25 mm，试样泡水 4 昼夜。
8. 泡水终了时，读取试样上百分表的终读数，并用下式计算膨胀率：
$$\delta_e = \frac{h_1 - h_0}{h_0} \times 100$$</td><td>

承载比试验仪</td><td></td></tr>
</table>

<table>
<tr><td>2</td><td>试验步骤</td><td>式中　δ_e——试样泡水后的膨胀率,计算至 0.1%;
h_1——试样泡水终了的高度,mm;
h_0——试样初始高度,mm。
9. 从水槽中取出试样,倒出试样顶面的水,静置 15 min,让其排水,然后卸去附加荷载和多孔板、底板和滤纸,并称量(m_3),以计算试样的湿度和密度的变化。
10. 选用合适吨位的测力环,贯入结束时测力环读数宜占其量程的 1/3 以上。
11. 将泡水试验终了的试样放到路面材料强度试验仪的升降台上,调整偏球座,对准、整平并使贯入杆与试样顶面全面接触,在贯入杆周围放置 4 块荷载板。
12. 先在贯入杆上施加少许荷载,以便试样与土样紧密接触,然后将测力和测变形的百分表的指针均调整至整数,并记读初始读数。
13. 加荷使贯入杆以 1~1.25 mm/min 的速度压入试样,同时测记三个百分表的读数。记录测力计内百分表某些整读数(如 20、40、60)时的贯入量,并注意使贯入量为 250×10^{-2} mm 时,能有 5 个以上的读数。因此,测力计内的第一个读数应是贯入量 30×10^{-2} mm 左右</td><td></td><td></td></tr>
<tr><td>3</td><td>结果计算</td><td colspan="2">承载比试验各项指标计算:
1. 贯入量为 2.5 mm 时的承载比按下式计算:
$$\mathrm{CBR}_{2.5}=\frac{p}{7\ 000}\times100$$
式中　$\mathrm{CBR}_{2.5}$——贯入量为 2.5 mm 时的承载比(%);
p——单位压力,kPa;
7 000——贯入量为 2.5 mm 时的标准压力,kPa。
2. 贯入量为 5.0 mm 时的承载比按下式计算:
$$\mathrm{CBR}_{5.0}=\frac{p}{10\ 500}\times100$$
式中　$\mathrm{CBR}_{5.0}$——贯入量为 5.0 mm 时的承载比(%);
10 500——贯入量为 5.0 mm 时的标准压力,kPa</td><td>承载比试验记录表</td></tr>
<tr><td>4</td><td>试验记录</td><td colspan="3">包括试样参数、试验者、试验日期、试验数据等</td></tr>
<tr><td colspan="2">注意事项</td><td colspan="3">1. 制备土样所加水量要精确,充分拌和均匀,按规范要求的时间进行闷料。
2. 控制最大干密度和最优含水率是做好 CBR 试验的关键,因此确定标准击实必须做平行试验,并取其参数作为制备 CBR 试样的标准。
3. 在浸泡完成以后,取出试样时一定要注意,防止土样底部与试筒底部相连,如果出现该现象使土样底部不平整,则土样不能用于 CBR 试验。
4. 左右两边百分表的读数差应在一定范围内,在试验过程中如果发现一侧百分表停止或是倒转的情况,则应停止试验,试样作废</td></tr>
<tr><td colspan="2">思考与练习</td><td colspan="3">1. 若击实试样超出筒高 10 mm,有什么影响?
2. 试样试验前泡水 4 昼夜的目的是什么?
3. 若压力-贯入量关系曲线起始部分反弯,表示什么?</td></tr>
</table>

试验绘图	试验结论

3　试验成果单

实训情景一	室内土工试验	日期	
实训任务十四	承载比试验	学时	2
工程实例	×××工程承载比试验检测样表 码 1-43		
小组成员		班级 第(　　)组	
试验记录计算表	承载比试验记录表（膨胀量）（见下表）		

承载比试验记录表（膨胀量）

工程编号			试验者						
试验日期			计算者						
试样筒体积 V/cm^3			校核者						
试样编号		(1)	—	1		2		3	
击实筒编号		(2)	—						
含水率	盒加湿土质量/g	(3)	—						
	盒加干土质量/g	(4)	—						
	盒质量/g	(5)	—						
	含水率 ω/%	(6)	$\left[\frac{(3)-(5)}{(4)-(5)}-1\right]\times100$						
	平均含水率 $\overline{\omega}$/%	(7)	—						

试验记录计算表	密度	筒加试样质量 m_2 /g	(8)	—						
		筒质量 m_1 /g	(9)	—						
		湿密度 ρ /(g/cm³)	(10)	$\frac{(8)-(9)}{V}$						
		干密度 ρ_d /(g/cm³)	(11)	$\frac{(10)}{1+0.01(7)}$						
		干密度平均值 $\bar{\rho}_d$ /(g/cm³)	(12)	—						
	膨胀率	试样初始高度 h_0 /mm	(13)	—						
		浸水后试样高度 h_w /mm	(14)	—						
		膨胀率 δ_w /%	(15)	$\frac{(14)-(13)}{(13)}\times100$						
		膨胀率平均值 $\bar{\delta}_w$ /%	(16)	—						
	吸水	浸水后筒加试样质量 m_3 /g	(17)	—						
		吸水量 m_w /g	(18)	(17)-(8)						
		吸水量平均值 $\overline{m}_w$ /g	(19)	—						

承载比试验记录表(贯入)

试验记录计算表

工程编号		试验者	
试验日期		计算者	
试样筒体积		校核者	

击实方法______次/层　　荷载板质量 m ______kg　　测力计率定系数 C ______N/0.01 mm

最大干密度 ρ_{dmax} ______g/cm³　　贯入速度 v ______mm/min　　浸水条件______

最优含水率 ω_{op} ______%　　贯入面积 A ______cm²

试样编号 No. 1					试样编号 No. 2					试样编号 No. 3				
贯入量(0.01 mm)			测力计读数/0.01 mm	单位压力/kPa	贯入量(0.01 mm)			测力计读数/0.01 mm	单位压力/kPa	贯入量(0.01 mm)			测力计读数/0.01 mm	单位压力/kPa
量表Ⅰ	量表Ⅱ	平均值			量表Ⅰ	量表Ⅱ	平均值			量表Ⅰ	量表Ⅱ	平均值		
$CBR_{2.5}$ = %					$CBR_{2.5}$ = %					$CBR_{2.5}$ = %				
$CBR_{5.0}$ = %					$CBR_{5.0}$ = %					$CBR_{5.0}$ = %				
CBR = %					CBR = %					CBR = %				
平均 $\overline{CBR}$ = %														

试验结论

4　任务评价单

<table>
<tr><td>实训情景一</td><td colspan="3">室内土工试验</td><td>日期</td><td></td></tr>
<tr><td>实训任务十四</td><td colspan="3">承载比试验</td><td>学时</td><td>2</td></tr>
<tr><td>评价对象</td><td>评价项目</td><td>评价分值</td><td>评价得分</td><td colspan="2">评分依据</td></tr>
<tr><td rowspan="5">自我评价
(____分)</td><td>完成情况</td><td>20</td><td></td><td colspan="2">按要求完成实训任务</td></tr>
<tr><td>仪器使用</td><td>20</td><td></td><td colspan="2">正确规范操作仪器、爱护仪器</td></tr>
<tr><td>精度速度</td><td>30</td><td></td><td colspan="2">成果满足要求、精益求精、按时完成</td></tr>
<tr><td>实训纪律</td><td>10</td><td></td><td colspan="2">按时实训、遵守课堂纪律</td></tr>
<tr><td>团结合作</td><td>20</td><td></td><td colspan="2">服从安排、能配合其他组员工作</td></tr>
<tr><td rowspan="4">小组评价
(____分)</td><td>实训纪律</td><td>20</td><td></td><td colspan="2">不迟到、不早退</td></tr>
<tr><td>安全操作</td><td>20</td><td></td><td colspan="2">安全操作仪器、仪器未损坏</td></tr>
<tr><td>工作态度</td><td>20</td><td></td><td colspan="2">学习积极主动、有责任心</td></tr>
<tr><td>团队精神</td><td>40</td><td></td><td colspan="2">接受工作分配、有效沟通、主动帮助</td></tr>
<tr><td rowspan="6">教师评价
(____分)</td><td>操作程序</td><td>20</td><td></td><td colspan="2">操作程序正确、动作规范</td></tr>
<tr><td>操作速度</td><td>20</td><td></td><td colspan="2">操作速度快、按时完成实训任务</td></tr>
<tr><td>操作精度</td><td>20</td><td></td><td colspan="2">成果满足规范要求</td></tr>
<tr><td>数据记录</td><td>10</td><td></td><td colspan="2">记录规范完整，无转抄、涂改、抄袭现象</td></tr>
<tr><td>团结合作</td><td>20</td><td></td><td colspan="2">服从组长安排、能配合其他组员工作</td></tr>
<tr><td>实训纪律</td><td>10</td><td></td><td colspan="2">按时实训、遵守课堂纪律</td></tr>
<tr><td>最终得分</td><td colspan="5"></td></tr>
<tr><td>学生姓名</td><td colspan="2"></td><td>第(　　)组</td><td>组长签字</td><td></td></tr>
<tr><td>班　　级</td><td colspan="3"></td><td>教师签字</td><td></td></tr>
<tr><td>教师评语</td><td colspan="5"></td></tr>
</table>

5　教学反馈单

<table>
<tr><td colspan="2">实训情景一</td><td>室内土工试验</td><td>日期</td><td></td></tr>
<tr><td colspan="2">实训任务十四</td><td>承载比试验</td><td>学时</td><td>2</td></tr>
<tr><td rowspan="5">学生
学习
反馈</td><td>1</td><td>我学到的知识点有</td><td colspan="2"></td></tr>
<tr><td>2</td><td>我掌握的技能点有</td><td colspan="2"></td></tr>
<tr><td>3</td><td>我不理解的地方有</td><td colspan="2"></td></tr>
<tr><td>4</td><td>我认为还需要深入学习和提高的地方有</td><td colspan="2"></td></tr>
<tr><td>5</td><td>在本次工作任务中,我的综合表现是</td><td colspan="2">★★★★★ ______
★★★★ ______
★★★ ______</td></tr>
<tr><td colspan="5">我对老师本次教学的改进意见是:</td></tr>
<tr><td colspan="2">学生姓名</td><td></td><td>班级</td><td></td></tr>
</table>

实训任务十五　回弹模量试验

1　学生工作任务单

<table>
<tr><td colspan="2">实训情景一</td><td>室内土工试验</td><td>日期</td><td></td></tr>
<tr><td colspan="2">实训任务十五</td><td>回弹模量试验</td><td>学时</td><td>2</td></tr>
<tr><td colspan="2">工作任务</td><td colspan="3">采用杠杆压力仪法测定土的回弹模量</td></tr>
<tr><td colspan="2">知识充电站</td><td colspan="3">回弹模量试验原理、方法和应用微课
码 1-44</td></tr>
<tr><td rowspan="3">学习目标</td><td>素质目标</td><td colspan="3">1. 实训前必须熟悉实训作业手册。
2. 按时、按步骤完成当天的实训任务。
3. 实训室应保持肃静，组员间沟通讨论应低声交流，不得谈笑喧哗，不许搞其他动作，以免影响他人实训。
4. 实训过程中，不得抄写他人的实训记录；否则，须重做。如有疑问，应向指导教师询问清楚后方可进行。
5. 实训结束后负责整理仪器设备，打扫实训室，保持室内整洁，注意关闭电源、门窗</td></tr>
<tr><td>知识目标</td><td colspan="3">1. 理解回弹模量的定义及试验原理。
2. 掌握回弹模量试验步骤。
3. 掌握回弹模量试验成果整理。
4. 掌握回弹模量试验表格的填写。
5. 理解回弹模量试验过程中的注意事项</td></tr>
<tr><td>能力目标</td><td colspan="3">1. 能够制出符合试验条件的试样并进行试样描述。
2. 能够熟练使用试验设备。
3. 能够熟练掌握试验原理及试验步骤。
4. 能够进行试验结果计算并填写试验表格。
5. 能够完成对试验结果的判定</td></tr>
<tr><td colspan="2">工作流程</td><td colspan="3">击实制样→安装试样→加荷预压→加载、卸载，读取变形量→成果整理，填写表格</td></tr>
<tr><td colspan="2">参考资料</td><td colspan="3">《土工试验方法标准》(GB/T 50123—2019)</td></tr>
</table>

2 学习引导单

<table>
<tr><td colspan="2">实训情景一</td><td>室内土工试验</td><td>日期</td><td colspan="2"></td></tr>
<tr><td colspan="2">实训任务十五</td><td>回弹模量试验</td><td>学时</td><td colspan="2">2</td></tr>
<tr><td colspan="2">仪器设备</td><td colspan="4">杠杆压力仪、试样筒、护筒、筒内垫块、承载板、千分表、秒表</td></tr>
<tr><td colspan="2">技能充电站</td><td colspan="4">回弹模量试验视频
码 1-45</td></tr>
<tr><td>序号</td><td colspan="2">工作步骤</td><td colspan="2">使用仪器设备</td><td>备注</td></tr>
<tr><td>1</td><td>试样制备</td><td>按最优含水率，以规定击数在试样筒内制备试样</td><td colspan="2"></td><td></td></tr>
<tr><td>2</td><td>试验步骤</td><td>1. 将试样和试样筒放在杠杆压力仪的底盘上，将承载板放在试样的中心位置，并与杠杆压力仪的加压球座对正。将千分表固定在立柱上，并将千分表的测头安放在承载板的表架上。
2. 加砝码预压 1～2 次，每次预压 1 min 卸载（加压标准：含水率大于塑限，$p=50\sim100$ kPa；含水率小于塑限，$p=100\sim200$ kPa）。预压后调整承载板位置，并将千分表调到零位。
3. 预定最大压力分 4～6 级加载，每级加载 1 min，记录千分表读数，同时卸载，卸载 1 min，记录千分表读数，再施加下一级荷载。如此逐级加载、卸载，记录千分表读数，直至最后一级荷载</td><td colspan="2">
杠杆压力仪</td><td></td></tr>
<tr><td>3</td><td>结果计算</td><td>每级荷载下试样的回弹模量应按下式计算：
$$E_e = \frac{\pi p D}{4l}(1-\mu^2)$$
式中 E_e——回弹模量，kPa；
p——承载板上的单位压力，kPa；
D——承载板直径，cm；
l——相应于压力的回弹变形量（加载读数减卸载读数），cm；
μ——土的泊松比，一般取 0.35。</td><td colspan="2"></td><td></td></tr>
</table>

4	试验记录	包括工程名称、岩石名称、试样编号、土样说明、试验者、试验日期
注意事项		1. 室内回弹模量试验中，尤其在加压初始阶段，试样的回弹变形很小，估读误差大，所以测定变形一定要用千分表。由于加载开始时的土样塑性变形，得出的 $p-l$ 曲线有可能与纵坐标相交于原点以下，如果按读数值计算回弹变形，其中将包含一部分塑性变形，所以对读数应进行校正，即将 $p-l$ 曲线的直线段延长与纵坐标相交点作为原点。 2. 强度仪法中，加压后试样的微小变形可能会使测力计发生轻度卸压，对于较硬的土，卸载很小，可忽略不计。当试样较软时，可稍摇动手柄，补上卸掉的微小压力
思考与练习		1. 可以用百分表测量变形吗？ 2. 回弹变形量如何计算？ 3. 土的泊松比是什么？

3　试验成果单

<table>
<tr><td>实训情景一</td><td colspan="2">室内土工试验</td><td>日期</td><td></td></tr>
<tr><td>实训任务十五</td><td colspan="2">回弹模量试验</td><td>学时</td><td>2</td></tr>
<tr><td>工程实例</td><td colspan="4">×××工程回弹模量试验检测样表
码 1-46</td></tr>
<tr><td>小组成员</td><td colspan="2"></td><td>班级
第(　　)组</td><td></td></tr>
<tr><td>试验记录
计算表</td><td colspan="4">

回弹模量试验检测记录表

<table>
<tr><td colspan="2">工程名称</td><td colspan="5"></td><td colspan="2">试验者</td><td colspan="3"></td></tr>
<tr><td colspan="2">试样编号</td><td colspan="5"></td><td colspan="2">计算者</td><td colspan="3"></td></tr>
<tr><td colspan="2">土样说明</td><td colspan="5"></td><td colspan="2">校核者</td><td colspan="3"></td></tr>
<tr><td colspan="2">试验方法</td><td colspan="5"></td><td colspan="2">试验日期</td><td colspan="3"></td></tr>
<tr><td colspan="2">承载板直径 D/cm</td><td colspan="5"></td><td colspan="2"></td><td colspan="3"></td></tr>
<tr><td rowspan="3">加载级数</td><td rowspan="3">单位压力 p/kPa</td><td rowspan="3">单位压力/kPa 或测力计读数/0.01 mm</td><td colspan="6">量表读数/0.001 mm</td><td colspan="2">回弹变形量 l/cm</td><td rowspan="3">回弹模量 E_e/kPa</td></tr>
<tr><td colspan="3">加载</td><td colspan="3">卸载</td><td rowspan="2">读数值</td><td rowspan="2">修正值</td></tr>
<tr><td>左</td><td>右</td><td>平均</td><td>左</td><td>右</td><td>平均</td></tr>
<tr><td></td><td></td><td></td><td></td><td></td><td></td><td></td><td></td><td></td><td></td><td></td><td></td></tr>
<tr><td></td><td></td><td></td><td></td><td></td><td></td><td></td><td></td><td></td><td></td><td></td><td></td></tr>
<tr><td></td><td></td><td></td><td></td><td></td><td></td><td></td><td></td><td></td><td></td><td></td><td></td></tr>
<tr><td></td><td></td><td></td><td></td><td></td><td></td><td></td><td></td><td></td><td></td><td></td><td></td></tr>
</table>

</td></tr>
</table>

试验绘图	试验结论

4　任务评价单

实训情景一	室内土工试验			日期	
实训任务十五	回弹模量试验			学时	2
评价对象	评价项目	评价分值	评价得分	评分依据	
自我评价（____分）	完成情况	20		按要求完成实训任务	
	仪器使用	20		正确规范操作仪器、爱护仪器	
	精度速度	30		成果满足要求、精益求精、按时完成	
	实训纪律	10		按时实训、遵守课堂纪律	
	团结合作	20		服从安排、能配合其他组员工作	
小组评价（____分）	实训纪律	20		不迟到、不早退	
	安全操作	20		安全操作仪器、仪器未损坏	
	工作态度	20		学习积极主动、有责任心	
	团队精神	40		接受工作分配、有效沟通、主动帮助	
教师评价（____分）	操作程序	20		操作程序正确、动作规范	
	操作速度	20		操作速度快、按时完成实训任务	
	操作精度	20		成果满足规范要求	
	数据记录	10		记录规范完整，无转抄、涂改、抄袭现象	
	团结合作	20		服从组长安排、能配合其他组员工作	
	实训纪律	10		按时实训、遵守课堂纪律	
最终得分					
学生姓名			第（　　）组	组长签字	
班　　级				教师签字	
教师评语					

5　教学反馈单

<table>
<tr><td>实训情景一</td><td colspan="2">室内土工试验</td><td>日期</td><td></td></tr>
<tr><td>实训任务十五</td><td colspan="2">回弹模量试验</td><td>学时</td><td>2</td></tr>
<tr><td rowspan="5">学生
学习
反馈</td><td>1</td><td>我学到的知识点有</td><td colspan="2"></td></tr>
<tr><td>2</td><td>我掌握的技能点有</td><td colspan="2"></td></tr>
<tr><td>3</td><td>我不理解的地方有</td><td colspan="2"></td></tr>
<tr><td>4</td><td>我认为还需要深入学习和提高的地方有</td><td colspan="2"></td></tr>
<tr><td>5</td><td>在本次工作任务中，我的综合表现是</td><td colspan="2">☆☆☆☆☆
☆☆☆☆
☆☆☆</td></tr>
<tr><td colspan="5">我对老师本次教学的改进意见是：</td></tr>
<tr><td>学生姓名</td><td colspan="2"></td><td>班级</td><td></td></tr>
</table>

实训任务十六　黄土湿陷性试验

1　学生工作任务单

<table>
<tr><td colspan="2">实训情景一</td><td>室内土工试验</td><td>日期</td><td></td></tr>
<tr><td colspan="2">实训任务十六</td><td>黄土湿陷性试验</td><td>学时</td><td>2</td></tr>
<tr><td colspan="2">工作任务</td><td colspan="3">采用室内浸水压缩试验测定黄土的湿陷系数</td></tr>
<tr><td colspan="2">知识充电站</td><td colspan="3">湿陷性黄土的特征、湿陷原因和处理微课
码 1-47</td></tr>
<tr><td rowspan="3">学习目标</td><td>素质目标</td><td colspan="3">1. 实训前必须熟悉实训作业手册。
2. 按时、按步骤完成当天的实训任务。
3. 实训室应保持肃静，组员间沟通讨论应低声交流，不得谈笑喧哗，不许搞其他动作，以免影响他人实训。
4. 实训过程中，不得抄写他人的实训记录；否则，须重做。如有疑问，应向指导教师询问清楚后方可进行。
5. 实训结束后负责整理仪器设备，打扫实训室，保持室内整洁，注意关闭电源、门窗</td></tr>
<tr><td>知识目标</td><td colspan="3">1. 理解黄土湿陷性的定义及试验原理。
2. 掌握黄土湿陷性试验的试件制作。
3. 掌握黄土湿陷性试验步骤。
4. 掌握黄土湿陷性试验成果整理。
5. 掌握黄土湿陷性试验表格的填写。
6. 理解黄土湿陷性试验过程中的注意事项</td></tr>
<tr><td>能力目标</td><td colspan="3">1. 能够制出符合试验条件的试件。
2. 能够熟练使用试验设备。
3. 能够熟练掌握试验原理及试验步骤。
4. 能够进行试验结果计算并填写试验表格。
5. 能够完成对试验结果的判定。</td></tr>
<tr><td colspan="2">工作流程</td><td colspan="3">环刀现场取样→试样安装→逐级加压，稳定测变形→浸水测变形，直至稳定→拆卸仪器及试样→成果整理，填写表格</td></tr>
<tr><td colspan="2">参考资料</td><td colspan="3">《土工试验方法标准》（GB/T 50123—2019）</td></tr>
</table>

2 学习引导单

实训情景一	室内土工试验	日期	
实训任务十六	黄土湿陷性试验	学时	2
仪器设备	固结仪、天平、百分表、环刀、削土刀等		
技能充电站	黄土湿陷性处理视频 码 1-48		

序号	工作步骤		使用仪器设备	备注
1	试样制备	环刀切取原状土样	 环刀	
2	试验步骤	1. 根据工程需要,切取原状土试样。 2. 在固结容器内放置护环、透水板和薄滤纸,将带有环刀的试样小心装入护环,然后在试样上放薄滤纸、透水板和加压盖板,置于加压框架下,对准加压框架的正中,安装量表。 3. 施加预压小砝码(预压压力:1 kPa),保证试样与仪器上下各部件之间接触良好,然后调整量表,使读数为零。 4. 确定需要施加的各级压力,压力等级宜为 50 kPa、100 kPa、150 kPa、200 kPa,大于 200 kPa 后每级压力为 100 kPa。最后一级压力应按取土深度而定:从基础底面算起至 10 m 深度以内,压力为 200 kPa;10 m 以下至非湿陷土层顶面,应用其上覆土的饱和自重压力,当大于 300 kPa 时,仍应用 300 kPa。当基底压力大于 300 kPa 时或有特殊要求的建筑物时,宜按实际压力确定。 5. 施加第一级压力后,每隔 1 h 测定一次变形读数,直至试样变形稳定(稳定标准为每小时变形不应大于 0.01 mm)。试样在第一级压力下变形稳定后,施加第二级压力,以此类推。试样在规定浸水压力下变形稳定后,向容器内自上而下或自下而上注入纯水,水面宜高出试样顶面,每隔 1 h 测记一次变形读数,直至试样变形稳定。 6. 测记试样浸水变形稳定读数后,按规定步骤拆卸仪器及试样	 固结仪  百分表	

<table>
<tr><td>3</td><td>结果计算</td><td>湿陷系数应按下式计算：
$$\delta_s = \frac{h_p - h'_p}{h_0}$$
式中 δ_s——湿陷系数；
h_p——在某级压力下，试样变形稳定后的高度，mm；
h'_p——在某级压力下，试样浸水湿陷变形稳定后的高度，mm。</td><td></td><td></td></tr>
<tr><td>4</td><td>试验记录</td><td colspan="3">包括试样参数、试验者、试验日期、试验数据等。</td></tr>
<tr><td colspan="2">注意事项</td><td colspan="3">1. 环刀面积不应小于 50 cm^2。
2. 透水石的湿度应接近试样的湿度。
3. 浸湿用水应采用蒸馏水，特别是进行渗透溶滤变形测试时，更应注意水质成分，因为溶滤作用取决于水质成分、浓度以及可能的离子交换量</td></tr>
<tr><td colspan="2">思考与练习</td><td colspan="3">1. 试样加载变形稳定的标准是什么？

2. 上覆土的饱和自重压力怎么计算？

3. 湿陷系数与建筑物安全有什么样的关系？</td></tr>
</table>

3 试验成果单

实训情景一	室内土工试验	日期	
实训任务十六	黄土湿陷性试验	学时	2
工程实例	×××工程黄土湿陷性试验检测样表 码 1-49		
小组成员		班级 第(　　)组	
试验记录计算表	见下表		
试验结论			

黄土湿陷性试验检测记录表

工程编号			试验者				校核者		
试样初始高度 h_0/mm			计算者				试验日期		
经过时间/h	试样在不同上覆压力下变形								
	(　　)kPa		(　　)kPa		(　　)kPa		(　　)kPa		浸水湿陷
	时间	读数/0.01 mm	时间	读数/0.01 mm	时间	读数/0.01 mm	时间	读数/0.01 mm	时间	读数/0.01 mm
1										
2										
3										
4										
5										
总变形量/mm										
仪器变形量/mm										
试样变形量/mm										

4 任务评价单

实训情景一	室内土工试验			日期	
实训任务十六	黄土湿陷性试验			学时	4
评价对象	评价项目	评价分值	评价得分	评分依据	
自我评价 (____分)	完成情况	20		按要求完成实训任务	
	仪器使用	20		正确规范操作仪器、爱护仪器	
	精度速度	30		成果满足要求、精益求精、按时完成	
	实训纪律	10		按时实训、遵守课堂纪律	
	团结合作	20		服从安排、能配合其他组员工作	
小组评价 (____分)	实训纪律	20		不迟到、不早退	
	安全操作	20		安全操作仪器、仪器未损坏	
	工作态度	20		学习积极主动、有责任心	
	团队精神	40		接受工作分配、有效沟通、主动帮助	
教师评价 (____分)	操作程序	20		操作程序正确、动作规范	
	操作速度	20		操作速度快、按时完成实训任务	
	操作精度	20		成果满足规范要求	
	数据记录	10		记录规范完整,无转抄、涂改、抄袭现象	
	团结合作	20		服从组长安排、能配合其他组员工作	
	实训纪律	10		按时实训、遵守课堂纪律	
最终得分					
学生姓名			第(　　)组	组长签字	
班　　级				教师签字	
教师评语					

5　教学反馈单

<table>
<tr><td colspan="2">实训情景一</td><td colspan="2">室内土工试验</td><td>日期</td><td></td></tr>
<tr><td colspan="2">实训任务十六</td><td colspan="2">黄土湿陷性试验</td><td>学时</td><td>2</td></tr>
<tr><td rowspan="5">学生学习反馈</td><td>1</td><td>我学到的知识点有</td><td colspan="3"></td></tr>
<tr><td>2</td><td>我掌握的技能点有</td><td colspan="3"></td></tr>
<tr><td>3</td><td>我不理解的地方有</td><td colspan="3"></td></tr>
<tr><td>4</td><td>我认为还需要深入学习和提高的地方有</td><td colspan="3"></td></tr>
<tr><td>5</td><td>在本次工作任务中，我的综合表现是</td><td colspan="3">★★★★★____
★★★★____
★★★____</td></tr>
<tr><td colspan="6">我对老师本次教学的改进意见是：</td></tr>
<tr><td colspan="2">学生姓名</td><td colspan="2"></td><td>班级</td><td></td></tr>
</table>

实训情景二

现场土工试验

为学之实，固在践履。苟徒知而不行，诚与不学无异。然欲行而未明于理，则所践履者，又未知其果何事也。

——南宋·朱熹

实训任务一　原位密度试验

1　学生工作任务单

<table>
<tr><td colspan="2">实训情景二</td><td>现场土工试验</td><td>日期</td><td></td></tr>
<tr><td colspan="2">实训任务一</td><td>原位密度试验</td><td>学时</td><td>4</td></tr>
<tr><td colspan="2">工作任务</td><td colspan="3">采用灌水法现场测定原状(压实)土的密度和干密度</td></tr>
<tr><td colspan="2">知识充电站</td><td colspan="3">灌水法测密度微课
码 2-1</td></tr>
<tr><td rowspan="3">学习目标</td><td>素质目标</td><td colspan="3">1. 实训前必须熟悉实训作业手册。
2. 按时、按步骤完成当天的实训任务。
3. 实训现场应保持肃静,组员间沟通讨论应低声交流,不得谈笑喧哗,不许搞其他动作,以免影响他人实训。
4. 实训过程中,不得抄写他人的实训记录;否则,须重做。如有疑问,应向指导教师询问清楚后方可进行。
5. 实训现场应远离危险源,保持安全警惕心理,一切行动服从指挥管理</td></tr>
<tr><td>知识目标</td><td colspan="3">1. 理解土的密度定义及试验原理。
2. 理解现场测定土密度的不同方法及适用条件。
3. 掌握灌水法现场测土密度的试验步骤。
4. 掌握灌水法现场测土密度试验成果整理。
5. 掌握灌水法现场测土密度试验表格的填写。
6. 理解灌水法现场测土密度试验过程中的注意事项</td></tr>
<tr><td>能力目标</td><td colspan="3">1. 能够清楚试验方法及适用条件。
2. 能够熟练使用试验设备。
3. 能够熟练掌握试验原理及试验步骤。
4. 能够进行试验结果计算并填写试验表格。
5. 能够完成对试验结果的判定</td></tr>
<tr><td colspan="2">工作流程</td><td colspan="3">整平测点场地→现场开挖试坑→封存坑内挖出的试样并称重→试坑内灌水→填写数据→成果整理→计算土的密度</td></tr>
<tr><td colspan="2">参考资料</td><td colspan="3">1.《工程岩体试验方法标准》(GB/T 50266—2013)。
2.《土工试验方法标准》(GB/T 50123—2019)</td></tr>
</table>

2 学习引导单

实训情景二	现场土工试验	日期	
实训任务一	原位密度试验	学时	4
仪器设备	储水桶、套环、台秤、天平、称量盒、烘箱、聚乙烯塑料薄膜、水准尺、挖坑工具(錾、斧、刀、直尺、毛刷、塑料密封袋)		
技能充电站	灌水法测密度试验视频 码 2-2		

序号	工作步骤		主要仪器设备	备注
1	设备要求	1. 储水桶:直径均匀,附有刻度出水管。 2. 台秤:20 kg,分度值 5 g;50 kg,分度值 10 g。 3. 开挖工具		
2	现场要求	1. 测点清扫干净、整理平整,并使用水准尺检验。 2. 按标准确定试坑尺寸、位置、下挖深度		
3	试验步骤	1. 整平场地、清扫干净。 2. 按规范标准划出坑口轮廓线,确定下挖深度,使用开挖工具开挖,土样装入容器并称重 m(准确至 10 g)。 3. 取一定质量土装入已知质量试盒,放入烘箱经规定时间取出,测得土样测含水率 ω 。 4. 挖好坑,放相应尺寸套环,使用水准尺整平,铺上大于坑体积的塑料薄膜与坑底坑壁密贴。 5. 记录储水桶水面至桶口距离 H_{t1},打开阀门注水入坑直至与套环顶部齐平且不溢出,等候 3~5 min,记录储水桶水面至桶口距离 H_{t2}。	 水准尺  储水桶	按 GB/T 50123—2019 规定:试样最大粒径对应坑口直径和深度

4	结果计算	灌水法测密度应按下式计算： $V_{sk}=(H_{t2}-H_{t1})A_w-V_{th}$ 式中 V_{sk}——试坑体积，cm^3； H_{t1}——储水桶内初始水位高度，cm； H_{t2}——储水桶内注水终了时水位高度，cm； A_w——储水桶断面面积，cm^2； V_{th}——套环体积，cm^3。 湿密度 ρ 按下式计算： $\rho=\frac{m_0}{V_{sk}}$ 干密度 ρ_d 按下式计算： $\rho_d=\frac{\rho}{1+0.01\omega}$ 式中 m_0——坑内挖出的土质量，g； ω——坑内挖出土的含水率（%）。		两次平行试验，取平均值
5	试验记录	包括工程名称、试验编号、试验涉及所有数据、试验环境、试验者、试验日期		
注意事项		1. 注意挖坑过程中不得有任何遗失，掌握挖坑技巧。 2. 根据土粒径大小，确定开挖直径、深度、取样质量、烘干时长。 3. 注意注入水量高度标准。 4. 试验步骤 3、4 可同时进行		
思考与练习		1. 现场密度试验主要有哪些方法？ 2. 本次试验原理是什么？ 3. 挖坑时注意事项有哪些？		

3　试验成果单

实训情景二	现场土工试验	日期	
实训任务一	原位密度试验	学时	4
工程实例	×××工程原位密度试验检测样表 码 2-3		
小组成员		班级 第(　　)组	
试验记录计算表	原位密度试验检测记录表(灌水法)		

原位密度试验检测记录表(灌水法)

任务单号		试验者	
试验日期		计算者	
试验环境		校核者	
试样描述		仪器名称编号	
取样地点		试样编号	

试样编号	套环体积 V_{th}/cm^3	储水桶水位/cm 初始 H_{t1}	储水桶水位/cm 终了 H_{t2}	储水桶断面面积 A_w/cm^2	试坑体积 V_{sk}/cm^3	试样质量 m_0/g	试样含水率 ω/%	试样湿密度 ρ/(g/cm^3)	试样干密度 ρ_d/(g/cm^3)
(1)	(2)	(3)	(4)	(5)	(6)=[(4)−(3)]×(5)−(2)	(7)	(8)	(9)=(7)/(6)	(10)=(9)/[1+0.01×(8)]

试验结论	

4 任务评价单

实训情景二	现场土工试验			日期	
实训任务一	原位密度试验			学时	4
评价对象	评价项目	评价分值	评价得分	评分依据	
自我评价(____分)	完成情况	20		按要求完成实训任务	
	仪器使用	20		正确规范操作仪器、爱护仪器	
	精度速度	30		成果满足要求、精益求精、按时完成	
	实训纪律	10		按时实训、遵守课堂纪律	
	团结合作	20		服从安排、能配合其他组员工作	
小组评价(____分)	实训纪律	20		不迟到、不早退	
	安全操作	20		安全操作仪器、仪器未损坏	
	工作态度	20		学习积极主动、有责任心	
	团队精神	40		接受工作分配、有效沟通、主动帮助	
教师评价(____分)	操作程序	20		操作程序正确、动作规范	
	操作速度	20		操作速度快、按时完成实训任务	
	操作精度	20		成果满足规范要求	
	数据记录	10		记录规范完整,无转抄、涂改、抄袭现象	
	团结合作	20		服从组长安排、能配合其他组员工作	
	实训纪律	10		按时实训、遵守课堂纪律	
最终得分					
学生姓名			第(　　)组	组长签字	
班　　级				教师签字	
教师评语					

5　教学反馈单

<table>
<tr><td colspan="2">实训情景二</td><td>现场土工试验</td><td>日期</td><td></td></tr>
<tr><td colspan="2">实训任务一</td><td>原位密度试验</td><td>学时</td><td>4</td></tr>
<tr><td rowspan="5">学生学习反馈</td><td>1</td><td>我学到的知识点有</td><td colspan="2"></td></tr>
<tr><td>2</td><td>我掌握的技能点有</td><td colspan="2"></td></tr>
<tr><td>3</td><td>我不理解的地方有</td><td colspan="2"></td></tr>
<tr><td>4</td><td>我认为还需要深入学习和提高的地方有</td><td colspan="2"></td></tr>
<tr><td>5</td><td>在本次工作任务中，我的综合表现是</td><td colspan="2">☆☆☆☆☆______
☆☆☆☆______
☆☆☆______</td></tr>
<tr><td colspan="5">我对老师本次教学的改进意见是：</td></tr>
<tr><td colspan="2">学生姓名</td><td></td><td>班级</td><td></td></tr>
</table>

实训任务二　原位直接剪切试验

1　学生工作任务单

<table>
<tr><td colspan="2">实训情景二</td><td>现场土工试验</td><td>日期</td><td></td></tr>
<tr><td colspan="2">实训任务二</td><td>原位直接剪切试验</td><td>学时</td><td>4</td></tr>
<tr><td colspan="2">工作任务</td><td colspan="3">现场测定地基土(黏性土、粉土、砂土及这类土组成的混合土)在荷载作用下土层的应力、应变和时间关系的综合性状,确定地基承载力</td></tr>
<tr><td colspan="2">知识充电站</td><td colspan="3">原位直接剪切试验微课
码 2-4</td></tr>
<tr><td rowspan="3">学习目标</td><td>素质目标</td><td colspan="3">1. 实训前必须熟悉实训作业手册。
2. 按时、按步骤完成当天的实训任务。
3. 实训现场应保持肃静,组员间沟通讨论应低声交流,不得谈笑喧哗,不许搞其他动作,以免影响他人实训。
4. 实训过程中,不得抄写他人的实训记录;否则,须重做。如有疑问,应向指导教师询问清楚后方可进行。
5. 实训现场应远离危险源,保持安全警惕心理,一切行动服从指挥管理</td></tr>
<tr><td>知识目标</td><td colspan="3">1. 理解原位直接剪切试验目的及试验原理。
2. 理解原位直接剪切试验适用范围及使用方法。
3. 掌握原位直接剪切试验步骤。
4. 掌握原位直接剪切试验成果整理。
5. 掌握原位直接剪切试验表格的填写。
6. 理解原位直接剪切试验过程中的注意事项</td></tr>
<tr><td>能力目标</td><td colspan="3">1. 能够清楚试验目的、方法及适用条件。
2. 能够熟练使用试验设备。
3. 能够熟练掌握试验原理及试验步骤。
4. 能够进行试验结果计算并填写试验表格。
5. 能够完成对试验结果的判定</td></tr>
<tr><td colspan="2">工作流程</td><td colspan="3">处理测点场地→开挖试验坑→铺砂垫层找平→安放载荷装置或加荷千斤顶反力构架→安装沉降观测装置→分级加荷读取沉降量(10～12 级,最大不小于设计值的 2 倍)→土层破坏特征出现时终止试验→场地清理→成果整理,填写表格</td></tr>
<tr><td colspan="2">参考资料</td><td colspan="3">1.《工程岩体试验方法标准》(GB/T 50266—2013)。
2.《土工试验方法标准》(GB/T 50123—2019)</td></tr>
</table>

2　学习引导单

实训情景二	现场土工试验	日期	
实训任务二	原位直接剪切试验	学时	4
仪器设备	垂直加荷装置、水平推力(拉力)装置、位移计(水平、垂直)、剪切盒设备要求: 1. 附压力表千斤顶:4~6 个,出力 150~200 kN,压力表精确度为 1.5 级; 2. 拉力计:量程 0~100 kN,最大允许误差 1%F.S.; 3. 百分表:2~4 个,量程 10~25 mm,分度值 0.01 mm; 4. 牵引导向设备:钢丝绳、滑轮、三脚架、锚座; 5. 其他设备:加荷台、起重葫芦、秒表、土锚、工字梁、槽钢、垫块、滚珠轴承、链条钳等		
技能充电站	原位直接剪切试验视频 码 2-5		

序号	工作步骤		主要仪器设备	备注
1	试验步骤	1. 试坑开挖,试样制备(避免扰动)。 2. 试样顶面放盖板,周边放剪切盒,剪切盒与试样间隙用快凝水泥砂浆填充。 3. 安装法向压力、水平推力施加装置,相应位移、应力测量装置。 4. 分 4~5 级施加法向荷载,每级荷载下用百分表量测法向变形量稳定后,安装测剪向位移的百分表后开始剪切。 5. 剪切时,按法向压力 5%~10%分级等量施加,约 30 s 加一级剪切荷载。 6. 每级剪切时,测剪切力、剪向和法向位移量,位移量在加下级剪切力前测完;观测土体变形情况(剪切结束标志)。 7. 试验停止后,掀开剪力盒及试样,记录剪切面形态、土体结构特征,素描或照相。 8. 测定不同垂直压力下试样抗剪强度,重复步骤 2~7。 9. 当需要时可按剪切面测摩擦试验	 千斤顶 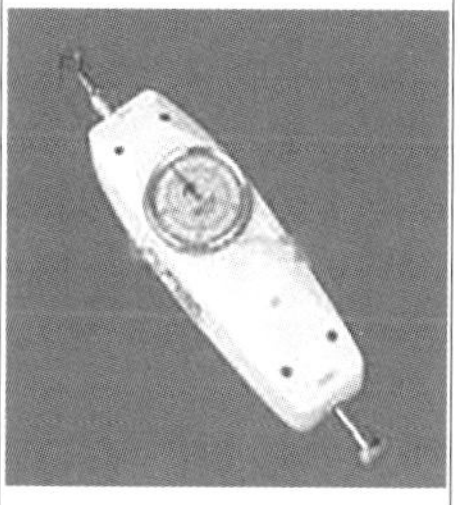 拉力计	1. 试验分为:抗剪断试验、摩擦试验、抗切试验。 2. 剪切面较平:采用平推法或斜推法;剪切面较陡:采用楔形体法。 3. 竖向变形稳定标准:每级法向荷载作用下 < 0.01 mm/h

2	结果计算	1. 法向应力 σ (1)采用重物加压： $\sigma=\frac{W}{A_0}\times 10$ 式中　σ——作用在试样上的法向应力，kPa； W——作用在加荷台上的轴向总荷载，N； A_0——试样的面积，cm^2。 (2)采用千斤顶加压： $\sigma = \frac{pa_h}{A_0}$ 式中　p——单位压力，垂直千斤顶压力表读数，kPa； a_h——千斤顶活塞面积，cm^2。 2. 土体剪应力 τ 或抗滑强度 S： $\tau(S) = \frac{F_H}{A}\times 10$ 式中　F_H——试样破坏时的剪切力，kN，水平千斤顶读数乘千斤顶活塞面积； A——试样面积，cm^2。 3. 绘制剪应力-位移关系曲线，确定比例强度 τ_c、峰值强度 τ_f、屈服强度 τ_p。 4. 绘制抗剪强度(一般取峰值强度 τ_f)-垂直压力关系曲线，确定相应强度参数 ϕ、c		1. 剪应力-位移关系曲线：位移量为横坐标、剪应力为纵坐标。 2. 抗剪强度-垂直压力关系曲线：垂直压力为横坐标、抗剪强度为纵坐标
3	试验记录	包括工程名称、试验编号、试验涉及所有数据、试验环境、试验者、试验日期		
注意事项		1. 每组试验体≥3 个，土性接近，剪切面积≥0.3 m^2，高度≥20 cm 或最大土粒径的 4~8 倍。 2. 试样高出剪切面 1 cm 并修平整。 3. 施加法向压力、剪切压力应位于剪切面、剪切缝的中心。 4. 剪切结束标志：剪切变形急剧增长或变形量超过试样尺寸 1/10，试样剪坏，停止试验。 5. 绘制抗剪强度-垂直压力关系曲线，剪应力取峰值强度		
思考与练习		1. 原位直接剪切试验适用哪种类型土？ 2. 原位直接剪切试验主要确定哪些抗剪强度参数？ 3. 试验中如何判断试样被剪坏？		

3 试验成果单

实训情景二	现场土工试验	日期	
实训任务二	原位直接剪切试验	学时	4
工程实例	×××工程原位直接剪切试验样表 码 2-6		
小组成员		班级 第(　　)组	
试验记录计算表	原位直接剪切试验记录表（见下表）		

原位直接剪切试验记录表

任务单号		试验者	
试验地点		计算者	
试样编号		校核者	
试验方法		试验日期	
仪器名称及编号			
试样面积 A_0/cm^2		垂直压力 p/kPa	
固结时间/h		剪切历时/min	
试样压缩量		抗滑强度 S/kPa	
剪切历时/min	剪应力 τ/kPa	剪切位移 ΔL/mm	备注

试验绘图	
试验结论	

4 任务评价单

<table>
<tr><td>实训情景二</td><td colspan="3">现场土工试验</td><td>日期</td><td></td></tr>
<tr><td>实训任务二</td><td colspan="3">原位直接剪切试验</td><td>学时</td><td>4</td></tr>
<tr><td>评价对象</td><td>评价项目</td><td>评价分值</td><td>评价得分</td><td colspan="2">评分依据</td></tr>
<tr><td rowspan="5">自我评价
(____分)</td><td>完成情况</td><td>20</td><td></td><td colspan="2">按要求完成实训任务</td></tr>
<tr><td>仪器使用</td><td>20</td><td></td><td colspan="2">正确规范操作仪器、爱护仪器</td></tr>
<tr><td>精度速度</td><td>30</td><td></td><td colspan="2">成果满足要求、精益求精、按时完成</td></tr>
<tr><td>实训纪律</td><td>10</td><td></td><td colspan="2">按时实训、遵守课堂纪律</td></tr>
<tr><td>团结合作</td><td>20</td><td></td><td colspan="2">服从安排、能配合其他组员工作</td></tr>
<tr><td rowspan="4">小组评价
(____分)</td><td>实训纪律</td><td>20</td><td></td><td colspan="2">不迟到、不早退</td></tr>
<tr><td>安全操作</td><td>20</td><td></td><td colspan="2">安全操作仪器、仪器未损坏</td></tr>
<tr><td>工作态度</td><td>20</td><td></td><td colspan="2">学习积极主动、有责任心</td></tr>
<tr><td>团队精神</td><td>40</td><td></td><td colspan="2">接受工作分配、有效沟通、主动帮助</td></tr>
<tr><td rowspan="6">教师评价
(____分)</td><td>操作程序</td><td>20</td><td></td><td colspan="2">操作程序正确、动作规范</td></tr>
<tr><td>操作速度</td><td>20</td><td></td><td colspan="2">操作速度快、按时完成实训任务</td></tr>
<tr><td>操作精度</td><td>20</td><td></td><td colspan="2">成果满足规范要求</td></tr>
<tr><td>数据记录</td><td>10</td><td></td><td colspan="2">记录规范完整,无转抄、涂改、抄袭现象</td></tr>
<tr><td>团结合作</td><td>20</td><td></td><td colspan="2">服从组长安排、能配合其他组员工作</td></tr>
<tr><td>实训纪律</td><td>10</td><td></td><td colspan="2">按时实训、遵守课堂纪律</td></tr>
<tr><td>最终得分</td><td colspan="5"></td></tr>
<tr><td>学生姓名</td><td colspan="2"></td><td>第( )组</td><td>组长签字</td><td></td></tr>
<tr><td>班 级</td><td colspan="3"></td><td>教师签字</td><td></td></tr>
<tr><td>教师评语</td><td colspan="5"></td></tr>
</table>

5 教学反馈单

<table>
<tr><td colspan="2">实训情景二</td><td>现场土工试验</td><td>日期</td><td></td></tr>
<tr><td colspan="2">实训任务二</td><td>原位直接剪切试验</td><td>学时</td><td>2</td></tr>
<tr><td rowspan="5">学生
学习
反馈</td><td>1</td><td>我学到的知识点有</td><td colspan="2"></td></tr>
<tr><td>2</td><td>我掌握的技能点有</td><td colspan="2"></td></tr>
<tr><td>3</td><td>我不理解的地方有</td><td colspan="2"></td></tr>
<tr><td>4</td><td>我认为还需要深入学习和提高的地方有</td><td colspan="2"></td></tr>
<tr><td>5</td><td>在本次工作任务中,我的综合表现是</td><td colspan="2">★★★★★
★★★★
★★★</td></tr>
<tr><td colspan="5">我对老师本次教学的改进意见是:</td></tr>
<tr><td colspan="2">学生姓名</td><td></td><td>班级</td><td></td></tr>
</table>

实训任务三　标准贯入试验

1　学生工作任务单

<table>
<tr><td colspan="2">实训情景二</td><td>现场土工试验</td><td>日期</td><td></td></tr>
<tr><td colspan="2">实训任务三</td><td>标准贯入试验</td><td>学时</td><td>2</td></tr>
<tr><td colspan="2">工作任务</td><td colspan="3">现场测定砂或黏性土的密实度,确定地基承载力</td></tr>
<tr><td colspan="2">知识充电站</td><td colspan="3">标准贯入试验微课
码 2-7</td></tr>
<tr><td rowspan="3">学习目标</td><td>素质目标</td><td colspan="3">1. 实训前必须熟悉实训作业手册。
2. 按时、按步骤完成当天的实训任务。
3. 实训现场应保持肃静,组员间沟通讨论应低声交流,不得谈笑喧哗,不许搞其他动作,以免影响他人实训。
4. 实训过程中,不得抄写他人的实训记录;否则,须重做。如有疑问,应向指导教师询问清楚后方可进行。
5. 实训现场应远离危险源,保持安全警惕心理,一切行动服从指挥管理</td></tr>
<tr><td>知识目标</td><td colspan="3">1. 理解标准贯入试验目的及试验原理。
2. 理解标准贯入试验不同设备适用范围及使用方法。
3. 掌握标准贯入试验步骤。
4. 掌握标准贯入试验成果整理。
5. 掌握标准贯入试验表格的填写。
6. 理解标准贯入试验过程中的注意事项</td></tr>
<tr><td>能力目标</td><td colspan="3">1. 能够清楚试验目的、方法及适用条件。
2. 能够熟练使用试验设备。
3. 能够熟练掌握试验原理及试验步骤。
4. 能够进行试验结果计算并填写试验表格。
5. 能够完成对试验结果的判定</td></tr>
<tr><td colspan="2">工作流程</td><td colspan="3">处理测点场地→采用回转钻进形成试验孔→安放动力触探仪→连续锤击并记录深度与对应锤击数→达到锤击深度或超过击数要求停止试验→场地清理→成果整理,填写表格</td></tr>
<tr><td colspan="2">参考资料</td><td colspan="3">《土工试验方法标准》(GB/T 50123—2019)</td></tr>
</table>

2 学习引导单

<table>
<tr><td colspan="2">实训情景二</td><td>现场土工试验</td><td>日期</td><td></td></tr>
<tr><td colspan="2">实训任务三</td><td>标准贯入试验</td><td>学时</td><td>2</td></tr>
<tr><td colspan="2">仪器设备</td><td colspan="3">标准贯入器、触探杆、钻杆、穿心锤、锤垫+导向杆、镐、铁锹</td></tr>
<tr><td colspan="2">技能充电站</td><td colspan="3">标准贯入试验视频
码 2-8</td></tr>
<tr><td>序号</td><td colspan="2">工作步骤</td><td>主要仪器设备</td><td>备注</td></tr>
<tr><td>1</td><td>现场要求</td><td>1. 测点清扫干净、整理平整。
2. 砂土或黏性土组成的地基土</td><td>镐、铁锹</td><td></td></tr>
<tr><td>2</td><td>试验步骤</td><td>1. 整平场地、清扫干净。
2. 先采用回转钻机开挖至试验层上 15 cm 处，清孔且注意勿扰动试验土层。
3. 试验前，拧紧钻杆接头，贯入器放入孔底并测深度(残土≤10 cm)。
4. 采用自动落锤法，每分钟 15～30 击，先打入 15 cm 不计数，随后每 10 cm 记录锤击数，累计打入 30 cm 锤击数为标准贯入击数 N，记录贯入深度。
5. 旋转钻杆，提出贯入器，取出其中土样，描述并记录长度。
6. 每隔 1～2 m 进行一次试验，按步骤 4、5 重复，直至试验所需深度</td><td>
对开管式贯入器

标准贯入试验</td><td>1. 贯入器、导向杆、钻杆垂直孔底，确保锤击竖直向下。
2. 取出土样，如需保存，应仔细包装、编号。
3. 钻杆长超 3 m 时，锤击数需修正：$N_{63.5}=\alpha N$</td></tr>
</table>

<table>
<tr>
<td>3</td>
<td>结果计算</td>
<td>
1. 相应于贯入 30 cm 锤击数 N_{30} 按下式换算：
$$N_{30}=\frac{0.3N_0}{\Delta S}$$
式中　N_{30}——贯入 30 cm 深度相应的一阵锤击数；
N_0——所选取贯入锤击数；
ΔS——对应锤击数 N_0 的贯入深度，m。
2. 钻杆长超 3 m 时，对锤击数按下式进行修正：
$$N_{63.5}=\alpha N$$
式中　α——探杆长度校正系数。
当杆长≤3 m、≤6 m、≤9 m、≤12 m、≤15 m、≤18 m、≤21 m 时，对应 α 分别为 1、0.92、0.86、0.81、0.77、0.73、0.70。
3. 判断天然砂土密实度标准：
<table>
<tr><th>标准贯入试验锤击数</th><th>密实度</th></tr>
<tr><td>$N_{63.5}\leq 10$</td><td>松散</td></tr>
<tr><td>$10<N_{63.5}\leq 15$</td><td>稍密</td></tr>
<tr><td>$15<N_{63.5}\leq 30$</td><td>中密</td></tr>
<tr><td>$N_{63.5}>30$</td><td>密实</td></tr>
</table>
</td>
<td></td>
<td></td>
</tr>
<tr>
<td>4</td>
<td>试验记录</td>
<td colspan="3">包括工程名称、试验点位编号、试验涉及所有数据、试验环境、试验者、试验日期</td>
</tr>
<tr>
<td colspan="2">注意事项</td>
<td colspan="3">
1. 最初 15 cm 不记录锤击数。
2. 锤击时确保穿心锤竖直向下，保证穿心锤中心受力。
3. 遇密实土层，超过 50 击未达到 30 cm，停止贯入，记录贯入深度，按规范换算成贯入 30 cm 锤击数 N_{30}。
4. 土质不均土层进行标准贯入试验，应增加试验点密度
</td>
</tr>
<tr>
<td colspan="2">思考与练习</td>
<td colspan="3">
1. 标准贯入试验解决什么问题？
2. 标准贯入试验与动力触探试验主要区别有哪些？
3. 钻杆长度超 3 m 时，为什么要进行锤击数修正？
4. 试验中遇到超过一定击数仍未达到 30 cm 深度怎么解决？
</td>
</tr>
</table>

3　试验成果单

实训情景二	现场土工试验	日期	
实训任务三	标准贯入试验	学时	2
工程实例	×××工程地基标准贯入试验检测样表 码 2-9		
小组成员		班级 第(　　)组	
试验记录计算表	见下表		

标准贯入试验检测记录表(轻型)

任务单号		试验者	
钻孔编号		计算者	
孔口标高		校核者	
地下水位		试验日期	
仪器名称编号		试验环境	
钻孔孔径		钻进方式	
护孔方式		落锤方式	
孔内水位(或泥浆高度)			

序号	浮土厚度/cm	试验深度/m	贯入深度/cm	锤击数 N/次	修正后锤击数	土层描述

试验绘图	
试验结论	

4　任务评价单

<table>
<tr><td>实训情景二</td><td colspan="3">现场土工试验</td><td>日期</td><td></td></tr>
<tr><td>实训任务三</td><td colspan="3">标准贯入试验</td><td>学时</td><td>2</td></tr>
<tr><td>评价对象</td><td>评价项目</td><td>评价分值</td><td>评价得分</td><td colspan="2">评分依据</td></tr>
<tr><td rowspan="5">自我评价
(____分)</td><td>完成情况</td><td>20</td><td></td><td colspan="2">按要求完成实训任务</td></tr>
<tr><td>仪器使用</td><td>20</td><td></td><td colspan="2">正确规范操作仪器、爱护仪器</td></tr>
<tr><td>精度速度</td><td>30</td><td></td><td colspan="2">成果满足要求、精益求精、按时完成</td></tr>
<tr><td>实训纪律</td><td>10</td><td></td><td colspan="2">按时实训、遵守课堂纪律</td></tr>
<tr><td>团结合作</td><td>20</td><td></td><td colspan="2">服从安排、能配合其他组员工作</td></tr>
<tr><td rowspan="4">小组评价
(____分)</td><td>实训纪律</td><td>20</td><td></td><td colspan="2">不迟到、不早退</td></tr>
<tr><td>安全操作</td><td>20</td><td></td><td colspan="2">安全操作仪器、仪器未损坏</td></tr>
<tr><td>工作态度</td><td>20</td><td></td><td colspan="2">学习积极主动、有责任心</td></tr>
<tr><td>团队精神</td><td>40</td><td></td><td colspan="2">接受工作分配、有效沟通、主动帮助</td></tr>
<tr><td rowspan="6">教师评价
(____分)</td><td>操作程序</td><td>20</td><td></td><td colspan="2">操作程序正确、动作规范</td></tr>
<tr><td>操作速度</td><td>20</td><td></td><td colspan="2">操作速度快、按时完成实训任务</td></tr>
<tr><td>操作精度</td><td>20</td><td></td><td colspan="2">成果满足规范要求</td></tr>
<tr><td>数据记录</td><td>10</td><td></td><td colspan="2">记录规范完整，无转抄、涂改、抄袭现象</td></tr>
<tr><td>团结合作</td><td>20</td><td></td><td colspan="2">服从组长安排、能配合其他组员工作</td></tr>
<tr><td>实训纪律</td><td>10</td><td></td><td colspan="2">按时实训、遵守课堂纪律</td></tr>
<tr><td>最终得分</td><td colspan="5"></td></tr>
<tr><td>学生姓名</td><td colspan="2"></td><td>第(　　)组</td><td>组长签字</td><td></td></tr>
<tr><td>班　　级</td><td colspan="3"></td><td>教师签字</td><td></td></tr>
<tr><td>教师评语</td><td colspan="5"></td></tr>
</table>

5　教学反馈单

<table>
<tr><td colspan="2">实训情景二</td><td colspan="2">现场土工试验</td><td>日期</td><td></td></tr>
<tr><td colspan="2">实训任务三</td><td colspan="2">标准贯入试验</td><td>学时</td><td>2</td></tr>
<tr><td rowspan="5">学生
学习
反馈</td><td>1</td><td>我学到的知识点有</td><td colspan="3"></td></tr>
<tr><td>2</td><td>我掌握的技能点有</td><td colspan="3"></td></tr>
<tr><td>3</td><td>我不理解的地方有</td><td colspan="3"></td></tr>
<tr><td>4</td><td>我认为还需要深入学习和提高的地方有</td><td colspan="3"></td></tr>
<tr><td>5</td><td>在本次工作任务中，我的综合表现是</td><td colspan="3">☆☆☆☆☆＿＿＿＿
☆☆☆☆＿＿＿＿
☆☆☆＿＿＿＿</td></tr>
<tr><td colspan="6">我对老师本次教学的改进意见是：</td></tr>
<tr><td colspan="2">学生姓名</td><td colspan="2"></td><td>班级</td><td></td></tr>
</table>

实训任务四　静力触探试验

1　学生工作任务单

<table>
<tr><td colspan="2">实训情景二</td><td>现场土工试验</td><td>日期</td><td></td></tr>
<tr><td colspan="2">实训任务四</td><td>静力触探试验</td><td>学时</td><td>4</td></tr>
<tr><td colspan="2">工作任务</td><td colspan="3">1. 划分土层。
2. 评价地基土工程性质。
3. 探寻确定桩基持力层。
4. 检验地基加固效果和人工填土密实度</td></tr>
<tr><td colspan="2">知识充电站</td><td colspan="3">静力触探试验微课
码 2-10</td></tr>
<tr><td rowspan="3">学习目标</td><td>素质目标</td><td colspan="3">1. 实训前必须熟悉实训作业手册。
2. 按时、按步骤完成当天的实训任务。
3. 实训现场应保持肃静，组员间沟通讨论应低声交流，不得谈笑喧哗，不许搞其他动作，以免影响他人实训。
4. 实训过程中，不得抄写他人的实训记录；否则，须重做。如有疑问，应向指导教师询问清楚后方可进行。
5. 实训现场应远离危险源，保持安全警惕心理，一切行动服从指挥管理</td></tr>
<tr><td>知识目标</td><td colspan="3">1. 理解静力触探试验目的及试验原理。
2. 理解静力触探不同设备功能及测试项目。
3. 掌握静力触探试验步骤。
4. 掌握静力触探试验成果整理。
5. 掌握静力触探试验表格的填写。
6. 理解静力触探试验过程中的注意事项</td></tr>
<tr><td>能力目标</td><td colspan="3">1. 能够清楚试验方法及适用条件。
2. 能够熟练使用试验设备。
3. 能够熟练掌握试验原理及试验步骤。
4. 能够进行试验结果计算并填写试验表格。
5. 能够完成对试验结果的判定</td></tr>
<tr><td colspan="2">工作流程</td><td colspan="3">处理整平测点场地→安放地锚→安装静探机并整平→装探头加触探杆（电缆线穿出）→连接数据采集仪→按规定速率贯入探头（每 100～200 mm 记录一次数据）→反向起拔探杆探头→反向旋出地锚→场地清理→成果整理，填写表格</td></tr>
<tr><td colspan="2">参考资料</td><td colspan="3">1.《工程岩体试验方法标准》（GB/T 50266—2013）。
2.《土工试验方法标准》（GB/T 50123—2019）</td></tr>
</table>

2　学习引导单

实训情景二	现场土工试验	日期	
实训任务四	静力触探试验	学时	4
仪器设备	触探主机、反力装置、双桥探头、探杆、量测仪器、水准尺、卷尺、管钳、毛刷、铁铲		
技能充电站	静力触探试验视频	码 2-11	

序号	工作步骤		主要仪器设备	备注
1	现场要求	1. 测点清扫干净、整理平整，并使用水准尺检验。 2. 原位土为软土、一般黏性土、粉土、砂土或少量碎石土层	水准尺、直尺	
2	试验步骤	1. 整平场地、清扫干净，设置反力装置。 2. 对准孔位安装静力主机并使用水准尺校准，紧固在反力装置上，将传感器电缆穿过探杆连接量测仪，打开电源预热。 3. 贯入前试压，观察各部件工作情况，并保证垂直贯入。 4. 按(1.2±0.3)m/min 连续贯入 0.5~1.0 m，少许提升 5~10 cm，使探头不受力，仪器调零后正常贯入。 5. 可采用自动记录，当采用数字测力计或电阻应变仪时，10~20 cm 记录一次。 6. 达到测量深度后结束贯入，探杆拔出后应及时清洗，涂抹润滑保护剂，拆除所有装置	 贯入操作  静力触探试验	1. 探头包括单桥、双桥、测孔隙水压力探头； 2. 加压装置包括手摇链条轻型(20~30 kN，小场地)，齿轮机械式(40~50 kN)，全液压式(200 kN)
3	结果计算	锥头阻力 q_c、侧壁摩阻力 f_s、摩阻比 F_m 应分别按下式计算： $q_c = k_q \cdot \varepsilon_q$ $f_s = k_f \cdot \varepsilon_f$ $F_m = f_s / q_c$ 式中　k_q、k_f——q_c、f_s 对应的率定系数，kPa/με或 kPa/mV； ε_q、ε_f——双桥探头、摩擦筒传感器的应变值或电压值，με或 mV； F_m——摩阻比； f_s——侧壁摩阻力，kPa； q_c——锥头阻力，kPa。 绘制 q_c-H、f_s-H 关系曲线。		

4	试验记录	包括工程名称、试验点位编号、试验涉及所有数据、试验环境、试验者、试验日期
注意事项		1. 探杆长度超过贯入深度一定范围。 2. 试验点 20 倍孔径距离内无试验孔，且不小于 2 m。 3. 触探杆倾斜或弯曲；数据异常；反力装置失效；主机达到额定贯入力，探头阻力达到最大容许压力，均应停止贯入
思考与练习		1. 静力触探试验适用哪类土层？ 2. 单桥探头与双桥探头的主要区别是什么？ 3. 贯入速率一般是多少？

3　试验成果单

实训情景二	现场土工试验	日期	
实训任务四	静力触探试验	学时	4
工程实例	×××工程静力触探试验检测样表 码 2-12		
小组成员		班级 第(　　)组	
试验记录计算表	静力触探试验检测记录表(双桥探头)（见下表）		

静力触探试验检测记录表(双桥探头)

任务单号		探头编号		试验者	
孔号		率定系数 k_q		计算者	
孔口标高/m		率定系数 k_f		校核者	
水位标高/m				试验日期	
试验环境					
阻力测定					
触探深度/m	锥头阻力		摩擦阻力		摩阻比 F_m/%，$F_m=f_s/q_c$
	仪表读数/με 或 mV	贯入阻力/kPa	仪表读数/με 或 mV	贯入阻力/kPa	

试验绘图	
试验结论	

4　任务评价单

<table>
<tr><td>实训情景二</td><td colspan="3">现场土工试验</td><td>日期</td><td></td></tr>
<tr><td>实训任务四</td><td colspan="3">静力触探试验</td><td>学时</td><td>4</td></tr>
<tr><td>评价对象</td><td>评价项目</td><td>评价分值</td><td>评价得分</td><td colspan="2">评分依据</td></tr>
<tr><td rowspan="5">自我评价
（____分）</td><td>完成情况</td><td>20</td><td></td><td colspan="2">按要求完成实训任务</td></tr>
<tr><td>仪器使用</td><td>20</td><td></td><td colspan="2">正确规范操作仪器、爱护仪器</td></tr>
<tr><td>精度速度</td><td>30</td><td></td><td colspan="2">成果满足要求、精益求精、按时完成</td></tr>
<tr><td>实训纪律</td><td>10</td><td></td><td colspan="2">按时实训、遵守课堂纪律</td></tr>
<tr><td>团结合作</td><td>20</td><td></td><td colspan="2">服从安排、能配合其他组员工作</td></tr>
<tr><td rowspan="4">小组评价
（____分）</td><td>实训纪律</td><td>20</td><td></td><td colspan="2">不迟到、不早退</td></tr>
<tr><td>安全操作</td><td>20</td><td></td><td colspan="2">安全操作仪器、仪器未损坏</td></tr>
<tr><td>工作态度</td><td>20</td><td></td><td colspan="2">学习积极主动、有责任心</td></tr>
<tr><td>团队精神</td><td>40</td><td></td><td colspan="2">接受工作分配、有效沟通、主动帮助</td></tr>
<tr><td rowspan="6">教师评价
（____分）</td><td>操作程序</td><td>20</td><td></td><td colspan="2">操作程序正确、动作规范</td></tr>
<tr><td>操作速度</td><td>20</td><td></td><td colspan="2">操作速度快、按时完成实训任务</td></tr>
<tr><td>操作精度</td><td>20</td><td></td><td colspan="2">成果满足规范要求</td></tr>
<tr><td>数据记录</td><td>10</td><td></td><td colspan="2">记录规范完整，无转抄、涂改、抄袭现象</td></tr>
<tr><td>团结合作</td><td>20</td><td></td><td colspan="2">服从组长安排、能配合其他组员工作</td></tr>
<tr><td>实训纪律</td><td>10</td><td></td><td colspan="2">按时实训、遵守课堂纪律</td></tr>
<tr><td>最终得分</td><td colspan="5"></td></tr>
<tr><td>学生姓名</td><td colspan="2"></td><td>第(　　)组</td><td>组长签字</td><td></td></tr>
<tr><td>班　　级</td><td colspan="3"></td><td>教师签字</td><td></td></tr>
<tr><td>教师评语</td><td colspan="5"></td></tr>
</table>

5　教学反馈单

<table>
<tr><td colspan="2">实训情景二</td><td>现场土工试验</td><td>日期</td><td></td></tr>
<tr><td colspan="2">实训任务四</td><td>静力触探试验</td><td>学时</td><td>4</td></tr>
<tr><td rowspan="5">学生
学习
反馈</td><td>1</td><td>我学到的知识点有</td><td colspan="2"></td></tr>
<tr><td>2</td><td>我掌握的技能点有</td><td colspan="2"></td></tr>
<tr><td>3</td><td>我不理解的地方有</td><td colspan="2"></td></tr>
<tr><td>4</td><td>我认为还需要深入学习和提高的地方有</td><td colspan="2"></td></tr>
<tr><td>5</td><td>在本次工作任务中,我的综合表现是</td><td colspan="2">☆☆☆☆☆ ________
☆☆☆☆ ________
☆☆☆ ________</td></tr>
<tr><td colspan="5">我对老师本次教学的改进意见是:</td></tr>
<tr><td colspan="2">学生姓名</td><td></td><td>班级</td><td></td></tr>
</table>

实训任务五 动力触探试验

1 学生工作任务单

<table>
<tr><td colspan="2">实训情景二</td><td>现场土工试验</td><td>日期</td><td></td></tr>
<tr><td colspan="2">实训任务五</td><td>动力触探试验</td><td>学时</td><td>2</td></tr>
<tr><td colspan="2">工作任务</td><td colspan="3">利用轻型动力触探设备,检测由素填土、黏性土、粉土、砂土等组成的浅基础地基承载力和进行基坑检验</td></tr>
<tr><td colspan="2">知识充电站</td><td colspan="3">圆锥动力触探微课
码 2-13</td></tr>
<tr><td rowspan="3">学习目标</td><td>素质目标</td><td colspan="3">1. 实训前必须熟悉实训作业手册。
2. 按时、按步骤完成当天的实训任务。
3. 实训现场应保持肃静,组员间沟通讨论应低声交流,不得谈笑喧哗,不许搞其他动作,以免影响他人实训。
4. 实训过程中,不得抄写他人的实训记录;否则,须重做。如有疑问,应向指导教师询问清楚后方可进行。
5. 实训现场应远离危险源,保持安全警惕心理,一切行动服从指挥管理</td></tr>
<tr><td>知识目标</td><td colspan="3">1. 理解动力触探试验目的及试验原理。
2. 理解动力触探不同设备适用范围及使用方法。
3. 掌握动力触探试验步骤。
4. 掌握动力触探试验成果整理。
5. 掌握动力触探试验表格的填写。
6. 理解动力触探试验过程中的注意事项</td></tr>
<tr><td>能力目标</td><td colspan="3">1. 能够清楚试验目的、方法及适用条件。
2. 能够熟练使用试验设备。
3. 能够熟练掌握试验原理及试验步骤。
4. 能够进行试验结果计算并填写试验表格。
5. 能够完成对试验结果的判定</td></tr>
<tr><td colspan="2">工作流程</td><td colspan="3">处理整平测点场地→安放动力触探仪→连续锤击并记录深度与对应锤击数→达到锤击深度或超过击数要求停止试验→场地清理→成果整理,填写表格</td></tr>
<tr><td colspan="2">参考资料</td><td colspan="3">1.《工程岩体试验方法标准》(GB/T 50266—2013)。
2.《土工试验方法标准》(GB/T 50123—2019)</td></tr>
</table>

2 学习引导单

<table>
<tr><td colspan="2">实训情景二</td><td>现场土工试验</td><td>日期</td><td></td></tr>
<tr><td colspan="2">实训任务五</td><td>动力触探试验</td><td>学时</td><td>2</td></tr>
<tr><td colspan="2">仪器设备</td><td colspan="3">轻型动力触探仪、落锤、探头、触探杆(锤座、导向杆)、镐、铁锨</td></tr>
<tr><td colspan="2">技能充电站</td><td colspan="3">动力触探试验视频
码 2-14</td></tr>
<tr><td>序号</td><td colspan="2">工作步骤</td><td>主要仪器设备</td><td>备注</td></tr>
<tr><td>1</td><td>现场要求</td><td>1. 测点清扫干净、整理平整。
2. 素填土、黏性土、粉土、砂土等组成的浅基础</td><td>镐、铁锨</td><td></td></tr>
<tr><td>2</td><td>试验步骤</td><td>1. 整平场地、清扫干净。
2. 先采用钻具挖至试验层上 0. 3 m,将探头、探杆放入孔内,保持探杆垂直。
3. 试验时,穿心锤落距为(0. 5 ±0. 02) m,自由下落,记录每打入 0. 3 m 锤击数,连续贯入。
4. 遇坚硬土层,贯入 0. 3 m 超过 100 击或贯入 0. 15 m 超过 50 击时,停止试验;若还需对下方土层进行测试,可使用钻具钻透坚硬土层后贯入。
5. 达到探测深度后结束贯入,探杆拔出后应及时清洗,涂抹润滑保护剂,拆除所有装置</td><td>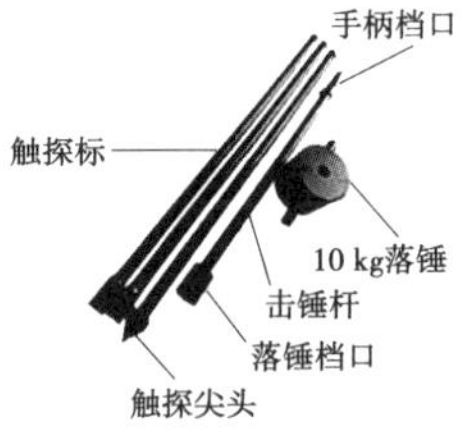
轻型动力触探仪</td><td>根据锤重分为轻型(10 kg)、重型(63. 5 kg)、超重型(120 kg)</td></tr>
<tr><td>3</td><td>结果计算</td><td>按要求记录打入 30 cm 锤击数,并绘制深度与锤击数对应的 N_{10}-h 曲线</td><td></td><td>轻型动力触探可不进行杆长修正</td></tr>
<tr><td>4</td><td>试验记录</td><td colspan="3">包括工程名称、试验点位编号、试验涉及所有数据、试验环境、试验者、试验日期</td></tr>
<tr><td colspan="2">注意事项</td><td colspan="3">1. 最初 0. 3 m 可不记录锤击数。
2. 若需查明土性质,可换上贯入器取样。
3. 贯入深度一般小于 4 m,必要时可在 4 m 后用钻具掏空探孔后继续下探 2 m。
4. 不同锤重适用范围、试验方式、试验标准有所不同</td></tr>
</table>

思考与练习	1. 动力触探一般分为几种？主要区别是什么？ 2. 轻型动力触探每贯入 1 m 深度，为何需要转动钻杆 1 圈半？ 3. 重型与超重型动力触探为何要进行杆长校正？ 4. 圆锥动力触探解决哪些实际工程问题？

3 试验成果单

实训情景二	现场土工试验	日期	
实训任务五	动力触探试验	学时	2
工程实例	×××工程动力触探试验检测样表 码2-15		
小组成员		班级 第(　　)组	
试验记录 计算表	动力触探试验检测记录表(轻型)		

动力触探试验检测记录表(轻型)

任务单号		孔号		试验者	
试验地点		探杆直径		计算者	
孔口标高		探杆质量		校核者	
地下水位		锤座质量		试验日期	
仪器编号及名称					
触探杆总长/m	触探深度/m	贯入深度 ΔS/mm	锤击数 N_{10}/次	地层性质	地基承载力 R/kPa，$R=N_{10}\times8-20$

试验绘图	
试验结论	

4　任务评价单

实训情景二	现场土工试验			日期	
实训任务五	动力触探试验			学时	2
评价对象	评价项目	评价分值	评价得分	评分依据	
自我评价 (____分)	完成情况	20		按要求完成实训任务	
	仪器使用	20		正确规范操作仪器、爱护仪器	
	精度速度	30		成果满足要求、精益求精、按时完成	
	实训纪律	10		按时实训、遵守课堂纪律	
	团结合作	20		服从安排、能配合其他组员工作	
小组评价 (____分)	实训纪律	20		不迟到、不早退	
	安全操作	20		安全操作仪器、仪器未损坏	
	工作态度	20		学习积极主动、有责任心	
	团队精神	40		接受工作分配、有效沟通、主动帮助	
教师评价 (____分)	操作程序	20		操作程序正确、动作规范	
	操作速度	20		操作速度快、按时完成实训任务	
	操作精度	20		成果满足规范要求	
	数据记录	10		记录规范完整,无转抄、涂改、抄袭现象	
	团结合作	20		服从组长安排、能配合其他组员工作	
	实训纪律	10		按时实训、遵守课堂纪律	
最终得分					
学生姓名			第(　　)组	组长签字	
班　　级				教师签字	
教师评语					

5　教学反馈单

<table>
<tr><td colspan="2">实训情景二</td><td>现场土工试验</td><td>日期</td><td colspan="2"></td></tr>
<tr><td colspan="2">实训任务五</td><td>动力触探试验</td><td>学时</td><td colspan="2">2</td></tr>
<tr><td rowspan="5">学生
学习
反馈</td><td>1</td><td>我学到的知识点有</td><td colspan="3"></td></tr>
<tr><td>2</td><td>我掌握的技能点有</td><td colspan="3"></td></tr>
<tr><td>3</td><td>我不理解的地方有</td><td colspan="3"></td></tr>
<tr><td>4</td><td>我认为还需要深入学习和提高的地方有</td><td colspan="3"></td></tr>
<tr><td>5</td><td>在本次工作任务中,我的综合表现是</td><td colspan="3">☆☆☆☆☆＿＿＿
☆☆☆☆＿＿＿
☆☆☆＿＿＿</td></tr>
<tr><td colspan="6">我对老师本次教学的改进意见是:</td></tr>
<tr><td colspan="2">学生姓名</td><td></td><td>班级</td><td colspan="2"></td></tr>
</table>

实训任务六　载荷试验

1　学生工作任务单

<table>
<tr><td colspan="2">实训情景二</td><td>现场土工试验</td><td>日期</td><td></td></tr>
<tr><td colspan="2">实训任务六</td><td>载荷试验</td><td>学时</td><td>4</td></tr>
<tr><td colspan="2">工作任务</td><td colspan="3">现场测定地基土(各类土)在荷载作用下土层的应力、应变和时间关系的综合性状,确定地基承载力</td></tr>
<tr><td colspan="2">知识充电站</td><td colspan="3">载荷试验微课
码 2-16</td></tr>
<tr><td rowspan="3">学习目标</td><td>素质目标</td><td colspan="3">1. 实训前必须熟悉实训作业手册。
2. 按时、按步骤完成当天的实训任务。
3. 实训现场应保持肃静,组员间沟通讨论应低声交流,不得谈笑喧哗,不许搞其他动作,以免影响他人实训。
4. 实训过程中,不得抄写他人的实训记录;否则,须重做。如有疑问,应向指导教师询问清楚后方可进行。
5. 实训现场应远离危险源,保持安全警惕心理,一切行动服从指挥管理</td></tr>
<tr><td>知识目标</td><td colspan="3">1. 理解载荷试验目的及试验原理。
2. 理解载荷试验不同设备适用范围及使用方法。
3. 掌握平板静力载荷试验步骤。
4. 掌握平板静力载荷试验成果整理。
5. 掌握平板静力载荷试验表格的填写。
6. 理解平板静力载荷试验过程中的注意事项</td></tr>
<tr><td>能力目标</td><td colspan="3">1. 能够清楚试验目的、方法及适用条件。
2. 能够熟练使用试验设备。
3. 能够熟练掌握试验原理及试验步骤。
4. 能够进行试验结果计算并填写试验表格。
5. 能够完成对试验结果的判定</td></tr>
<tr><td colspan="2">工作流程</td><td colspan="3">处理测点场地→开挖试验坑→铺砂垫层找平→安放载荷装置或加荷千斤顶反力构架→安装沉降观测装置→分级加荷读取沉降量(10~12 级,最大不小于设计值的 2 倍)→土层破坏特征出现时终止试验→场地清理→成果整理,填写表格</td></tr>
<tr><td colspan="2">参考资料</td><td colspan="3">1.《工程岩体试验方法标准》(GB/T 50266—2013)。
2.《土工试验方法标准》(GB/T 50123—2019)</td></tr>
</table>

2 学习引导单

<table>
<tr><td>实训情景二</td><td colspan="2">现场土工试验</td><td>日期</td><td></td></tr>
<tr><td>实训任务六</td><td colspan="2">载荷试验</td><td>学时</td><td>4</td></tr>
<tr><td>仪器设备</td><td colspan="4">承压板、加荷装置(千斤顶或重物、载荷台架或反力构架)、百分表(位移传感器)、加载平台</td></tr>
<tr><td>技能充电站</td><td colspan="4">载荷试验视频
码 2-17</td></tr>
<tr><td>序号</td><td colspan="2">工作步骤</td><td>主要仪器设备</td><td>备注</td></tr>
<tr><td>1</td><td>试验步骤</td><td>1. 选点整平,基坑开挖(留 20 cm 保护层)。
2. 挖除保护层,铺不超 20 cm 中砂垫层并找平,尽快安放承压板、载荷台架或千斤顶反力构架,安装沉降观测装置。
3. 加荷采用分级维持荷载沉降相对稳定法(常规慢速法),有地区经验可采用分级加荷沉降非稳定法(快速法)。
4. 按时、准确观测沉降值,对于慢速法,每级荷载后观测间隔时间为 5 min、5 min、10 min、10 min、15 min、15 min,之后间隔 30 min,当连续 2 h 沉降值小于 0.1 mm 时,可认为沉降稳定,进入下级加载。
5. 试验终止依据(满足一项)如下。
浅层平板载荷试验:
(1)承压板周围土明显挤出,隆起或裂缝。
(2)本级荷载下沉降量大于上级荷载沉降量的 5 倍以上,沉降曲线出现明显陡降段。
(3)本级荷载下,24 h 沉降速率无法稳定。
(4)总沉降量超过承压板直径或宽度的 6%。
(5)达不到极限荷载,最大压力超过设计值的 2 倍或超过第一拐点至少 3 级荷载。
深层平板载荷试验:
本级荷载下,沉降急剧增加,沉降曲线出现明显陡降段,沉降量超过承压板直径或宽度的 4%;其余同浅层平板载荷试验的(3)、(4)、(5)项</td><td>
加压装置
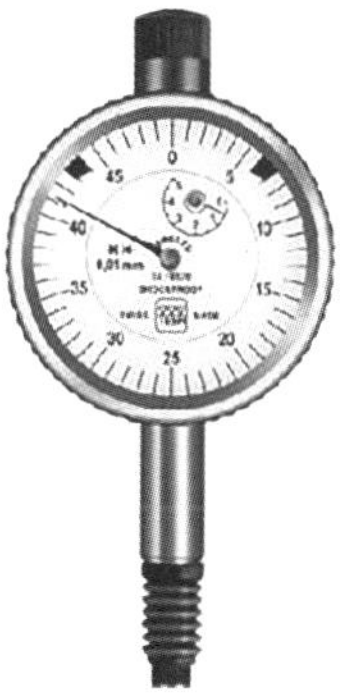
百分表</td><td>1. 浅层平板载荷试验:载荷板圆或正方形面积≥0. 25 m²;软土载荷板面积≥0.5 m²。基坑宽≥3d(承压板宽度或直径)。深层平板载荷试验:载荷板面积≥0.5 m²;基坑宽≥d,紧挨承压板周围外侧土层高≥80 cm。
2. 加荷按 10~12 级,不得少于 8 级,最大加载不小于设计值的 2 倍,每级荷载值可参照相关规范进行(深层载荷试验可按预估承载力的 1/15~1/10)加载</td></tr>
</table>

2	结果计算	1. 整理荷载与沉降量、时间与沉降量汇总表。 2. 绘制 p-s 曲线。 3. 特征值确定符合下列规定： （1）曲线有明显直线段和转折点，转折点为比例界限压力 p_0 和极限压力 p_1。 （2）曲线无明显直线段和转折点，按试验步骤 5 中（1）、（2）、（3）出现状况的前一级荷载作为极限压力 p_1。 4. 地基承载力基本值 f_0 按《建筑地基基础设计规范》（GB 50007—2011）确定。 （1）比例界限明确时，取 $f_0=p_0$。 （2）极限荷载 p_1 能确定，且小于 p_0 的 1.5 倍时，$f_0=p_1/2$。 （3）上述（1）、（2）无法确定时，以沉降标准进行取值，承压板在 0.25～0.5 m²，对于低压缩性土和砂土，取 $s=(0.01\sim0.015)b$，对应荷载值为 f_0；对于中、高压缩性土和砂土，取 $s=0.02b$，对应荷载值为 f_0。 5. 若需计算变形模量，按相关规范，借助上述试验数据进行（略）		
3	试验记录	包括工程名称、试验点位编号、试验涉及所有数据、试验环境、试验者、试验日期		
注意事项		1. 根据试验类型选用规定承压板。 2. 试验点避免雨淋、暴晒、冰冻，必要时安装工作棚。 3. 稳定标准可采用相对稳定法（速率稳定）。 4. 同一建筑场地试验点不少于 3 处		
思考与练习		1. 平板载荷试验与螺旋板载荷试验适用条件有何不同？ 2. 平板载荷试验时，试坑底面宽度不应小于承压板直径或宽度的多少倍？		

3　试验成果单

实训情景二	现场土工试验	日期	
实训任务六	载荷试验	学时	4
工程实例	平板载荷试验检测样表 码 2-18		
小组成员		班级 第(　　)组	
试验记录计算表	见下表		

平板载荷试验检测记录表

任务单号		试验者	
试验地点		计算者	
试验深度		校核者	
试验方法		试验日期	
承压板面积		气候条件	
试验环境		土层性质	
仪器名称编号			

加荷时间/min	读数时间/min	单位压力 p/kPa	沉降量 s/mm								平均沉降量/mm	累计沉降量/mm	备注
			A		B		C		D				
			读数	沉降	读数	沉降	读数	沉降	读数	沉降			

试验绘图	
试验结论	

4　任务评价单

实训情景二	现场土工试验			日期	
实训任务六	载荷试验			学时	4
评价对象	评价项目	评价分值	评价得分	评分依据	
自我评价（____分）	完成情况	20		按要求完成实训任务	
	仪器使用	20		正确规范操作仪器、爱护仪器	
	精度速度	30		成果满足要求、精益求精、按时完成	
	实训纪律	10		按时实训、遵守课堂纪律	
	团结合作	20		服从安排、能配合其他组员工作	
小组评价（____分）	实训纪律	20		不迟到、不早退	
	安全操作	20		安全操作仪器、仪器未损坏	
	工作态度	20		学习积极主动、有责任心	
	团队精神	40		接受工作分配、有效沟通、主动帮助	
教师评价（____分）	操作程序	20		操作程序正确、动作规范	
	操作速度	20		操作速度快、按时完成实训任务	
	操作精度	20		成果满足规范要求	
	数据记录	10		记录规范完整，无转抄、涂改、抄袭现象	
	团结合作	20		服从组长安排、能配合其他组员工作	
	实训纪律	10		按时实训、遵守课堂纪律	
最终得分					
学生姓名			第(　　)组	组长签字	
班　　级				教师签字	
教师评语					

5　教学反馈单

<table>
<tr><td colspan="2">实训情景二</td><td colspan="2">现场土工试验</td><td>日期</td><td></td></tr>
<tr><td colspan="2">实训任务六</td><td colspan="2">载荷试验</td><td>学时</td><td>4</td></tr>
<tr><td rowspan="5">学生
学习
反馈</td><td>1</td><td>我学到的知识点有</td><td colspan="3"></td></tr>
<tr><td>2</td><td>我掌握的技能点有</td><td colspan="3"></td></tr>
<tr><td>3</td><td>我不理解的地方有</td><td colspan="3"></td></tr>
<tr><td>4</td><td>我认为还需要深入学习和提高的地方有</td><td colspan="3"></td></tr>
<tr><td>5</td><td>在本次工作任务中,我的综合表现是</td><td colspan="3">★★★★★
★★★★
★★★</td></tr>
<tr><td colspan="6">我对老师本次教学的改进意见是:</td></tr>
<tr><td colspan="2">学生姓名</td><td colspan="2"></td><td>班级</td><td></td></tr>
</table>

实训情景三

岩石试验

欲筑室者，先治其基，基完以平，而后加石木焉，故其为室也坚。

——北宋·苏辙

实训任务一　含水率试验

1　学生工作任务单

<table>
<tr><td colspan="2">实训情景三</td><td>岩石试验</td><td>日期</td><td></td></tr>
<tr><td colspan="2">实训任务一</td><td>含水率试验</td><td>学时</td><td>4</td></tr>
<tr><td colspan="2">工作任务</td><td colspan="3">采用烘干法测定指定岩石在天然状态下的含水率</td></tr>
<tr><td colspan="2">知识充电站</td><td colspan="3">岩石含水率试验微课
码 3-1</td></tr>
<tr><td rowspan="3">学习目标</td><td>素质目标</td><td colspan="3">1. 实训前必须熟悉实训作业手册。
2. 按时、按步骤完成当天的实训任务。
3. 实训室应保持肃静，组员间沟通讨论应低声交流，不得谈笑喧哗，不许搞其他动作，以免影响他人实训。
4. 实训过程中，不得抄写他人的实训记录；否则，须重做。如有疑问，应向指导教师询问清楚后方可进行。
5. 每天安排值日生负责打扫实训室，保持室内整洁，注意关闭电源、门窗</td></tr>
<tr><td>知识目标</td><td colspan="3">1. 理解岩石含水率的定义及试验原理。
2. 掌握岩石含水率试件的制作及试件描述。
3. 掌握岩石含水率试验步骤。
4. 掌握岩石含水率试验成果整理。
5. 掌握岩石含水率试验表格的填写。
6. 理解岩石含水率试验过程中的注意事项</td></tr>
<tr><td>能力目标</td><td colspan="3">1. 能够制出符合试验条件的试验试件并进行试件描述。
2. 能够熟练使用试验设备。
3. 能够熟练掌握试验原理及试验步骤。
4. 能够进行试验结果计算并填写试验表格。
5. 能够完成对试验结果的判定</td></tr>
<tr><td colspan="2">工作流程</td><td colspan="3">现场岩块取样→包装封蜡送回实验室→加工、描述试件→测试岩石含水率→成果整理，填写表格</td></tr>
<tr><td colspan="2">参考资料</td><td colspan="3">1.《工程岩体试验方法标准》（GB/T 50266—2013）。
2.《水利水电工程岩石试验规程》（SL/T 264—2020）</td></tr>
</table>

2　学习引导单

<table>
<tr><td colspan="2">实训情景三</td><td>岩石试验</td><td>日期</td><td></td></tr>
<tr><td colspan="2">实训任务一</td><td>含水率试验</td><td>学时</td><td>4</td></tr>
<tr><td colspan="2">仪器设备</td><td colspan="3">岩石钻芯机、岩石切割机、岩石磨石机、烘箱、天平、干燥器、称量盒</td></tr>
<tr><td colspan="2">技能充电站</td><td colspan="3">岩石含水率试验视频
码 3-2</td></tr>
<tr><td>序号</td><td colspan="2">工作步骤</td><td>使用仪器设备</td><td>备注</td></tr>
<tr><td>1</td><td>试件制备</td><td>1. 试件应在现场采取，不得采用爆破取样，室内不得采用湿法加工。试件在采取、运输、储存和制备过程中应保持天然含水率状态。
2. 试件尺寸应大于组成岩石最大颗粒粒径的 10 倍。
3. 试件质量宜为 40~200 g。
4. 每组试件数量不宜少于 6 个</td><td rowspan="2">
岩石切割机

岩石钻芯机

岩石磨石机

烘箱</td><td rowspan="2">《水利水电工程岩石试验规程》(SL/T 264—2020)为不少于 6 个试件，其他相关规范为不少于 5 个试件</td></tr>
<tr><td>2</td><td>试件描述</td><td>1. 岩石名称、颜色、矿物成分、风化程度。
2. 为保持试件天然含水状态所采取的措施</td></tr>
</table>

3	试验步骤	1. 将制备好的试件放入烘干至恒量的称量盒内，称试样加盒质量(m_1)。 2. 将试件加称量盒放入烘箱，在105~110 ℃的恒温下烘干，烘干时间不应少于24 h。 3. 将试件加称量盒从烘箱中取出，放入干燥器内冷却至室温，称试件加称量盒质量(m_2)。 4. 重复本条步骤2、3，直到相邻两次称量之差不超过后一次称量的0.1%。 5. 称量准确至0.01 g	 天平  干燥器	
4	结果计算	岩石含水率应按下式计算： $\omega = \frac{m_1 - m_2}{m_2 - m_0} \times 100$ 式中　ω——岩石含水率(%)； m_0——称量盒烘干前的质量，g； m_1——试件烘干前与称量盒质量，g； m_2——试件烘干后与称量盒质量，g。		
5	试验记录	包括工程名称、岩石名称、试件编号、试件描述、试件烘干前后的质量、试验者、试验日期		
注意事项		1. 为了测得准确的岩石含水率，注意采样方法，并在采样后立即包装封蜡密封好，尽快送实验室测试。 2. 注意烘干至恒量的标准判断		
思考与练习		1. 简述保持岩石天然含水率的措施。 2. 测定岩石含水率试验对试样制备的要求有哪些？ 3. 简述岩石含水率试验过程中对结果的主要影响因素。		

3　试验成果单

实训情景三	岩石试验	日期	
实训任务一	含水率试验	学时	4
工程实例	×××工程岩石含水率试验检测记录表		码 3-3
小组成员		班级	
试验记录计算表			

岩石含水率试验检测记录表

任务单号			试验者			
试验日期			计算者			
样品编号			校核者			
试件描述	岩石无裂缝、无破损，灰色，未风化		工程部位/用途			
试验依据	《水利水电工程岩石试验规程》(SL/T 264—2020)		试验条件		22 ℃,55%RH	
试件编号						
盒号						
烘干前盒+试样质量/g						
烘干后盒+试样质量/g						
盒质量/g						
水质量/g						
烘干试样质量/g						
含水率测值/%						
含水率/%						
备注						

4　任务评价单

实训情景三	岩石试验			日期	
实训任务一	含水率试验			学时	4
评价对象	评价项目	评价分值	评价得分	评分依据	
自我评价 （____分）	完成情况	20		按要求完成实训任务	
	仪器使用	20		正确规范操作仪器、爱护仪器	
	精度速度	30		成果满足要求、精益求精、按时完成	
	实训纪律	10		按时实训、遵守课堂纪律	
	团结合作	20		服从安排、能配合其他组员工作	
小组评价 （____分）	实训纪律	20		不迟到、不早退	
	安全操作	20		安全操作仪器、仪器未损坏	
	工作态度	20		学习积极主动、有责任心	
	团队精神	40		接受工作分配、有效沟通、主动帮助	
教师评价 （____分）	操作程序	20		操作程序正确、动作规范	
	操作速度	20		操作速度快、按时完成实训任务	
	操作精度	20		成果满足规范要求	
	数据记录	10		记录规范完整，无转抄、涂改、抄袭现象	
	团结合作	20		服从组长安排、能配合其他组员工作	
	实训纪律	10		按时实训、遵守课堂纪律	
最终得分					
学生姓名			第（　　）组	组长签字	
班　　级				教师签字	
教师评语					

5　教学反馈单

<table>
<tr><td colspan="2">实训情景三</td><td>岩土试验</td><td>日期</td><td colspan="2"></td></tr>
<tr><td colspan="2">实训任务一</td><td>含水率试验</td><td>学时</td><td colspan="2">4</td></tr>
<tr><td rowspan="5">学生学习反馈</td><td>1</td><td>我学到的知识点有</td><td colspan="3"></td></tr>
<tr><td>2</td><td>我掌握的技能点有</td><td colspan="3"></td></tr>
<tr><td>3</td><td>我不理解的地方有</td><td colspan="3"></td></tr>
<tr><td>4</td><td>我认为还需要深入学习和提高的地方有</td><td colspan="3"></td></tr>
<tr><td>5</td><td>在本次工作任务中，我的综合表现是</td><td colspan="3">☆☆☆☆☆
☆☆☆☆
☆☆☆</td></tr>
<tr><td colspan="6">我对老师本次教学的改进意见是：</td></tr>
<tr><td colspan="2">学生姓名</td><td></td><td>班级</td><td colspan="2"></td></tr>
</table>

实训任务二　吸水率试验

1　学生工作任务单

<table>
<tr><td colspan="2">实训情景三</td><td>岩石试验</td><td>日期</td><td></td></tr>
<tr><td colspan="2">实训任务二</td><td>吸水率试验</td><td>学时</td><td>4</td></tr>
<tr><td colspan="2">工作任务</td><td colspan="3">采用自由吸水法测定岩石自然吸水率，采用煮沸法或真空抽气法测定岩石饱和吸水率</td></tr>
<tr><td colspan="2">知识充电站</td><td colspan="3">岩石吸水性试验微课
码 3-4</td></tr>
<tr><td rowspan="3">学习目标</td><td>素质目标</td><td colspan="3">1. 实训前必须熟悉实训作业手册。
2. 按时、按步骤完成当天的实训任务。
3. 实训室应保持肃静，组员间沟通讨论应低声交流，不得谈笑喧哗，不许搞其他动作，以免影响他人实训。
4. 实训过程中，不得抄写他人的实训记录；否则，须重做。如有疑问，应向指导教师询问清楚后方可进行。
5. 每天安排值日生负责打扫实训室，保持室内整洁，注意关闭电源、门窗</td></tr>
<tr><td>知识目标</td><td colspan="3">1. 理解岩石吸水率的定义及试验原理。
2. 掌握岩石吸水率试件的制作及试件描述。
3. 掌握岩石吸水率试验步骤。
4. 掌握岩石吸水率试验成果整理。
5. 掌握岩石吸水率试验表格的填写。
6. 理解岩石吸水率试验过程中的注意事项</td></tr>
<tr><td>能力目标</td><td colspan="3">1. 能够制出符合试验条件的试验试件并进行试件描述。
2. 能够熟练使用试验设备。
3. 能够熟练掌握试验原理及试验步骤。
4. 能够进行试验结果计算并填写试验表格。
5. 能够完成对试验结果的判定</td></tr>
<tr><td colspan="2">工作流程</td><td colspan="3">现场岩块取样→包装封蜡送回实验室→加工、描述试件→测试岩石吸水率→成果整理，填写表格</td></tr>
<tr><td colspan="2">参考资料</td><td colspan="3">1.《工程岩体试验方法标准》（GB/T 50266—2013）。
2.《水利水电工程岩石试验规程》（SL/T 264—2020）</td></tr>
</table>

2　学习引导单

<table>
<tr><td colspan="2">实训情景三</td><td>岩石试验</td><td>日期</td><td></td></tr>
<tr><td colspan="2">实训任务二</td><td>吸水率试验</td><td>学时</td><td>4</td></tr>
<tr><td colspan="2">仪器设备</td><td colspan="3">岩石钻芯机、岩石切割机、岩石磨石机、烘箱、天平、干燥器、水槽及真空抽气设备等</td></tr>
<tr><td colspan="2">技能充电站</td><td colspan="3">岩石吸水率试验视频
码 3-5</td></tr>
<tr><td>序号</td><td colspan="2">工作步骤</td><td>主要仪器设备</td><td>备注</td></tr>
<tr><td>1</td><td>试件制备</td><td>1. 试件宜采用规则形状，在试件制备困难时可采用不规则形状。
2. 规则试件尺寸应符合下列规定：
(1) 圆柱体直径或方柱体边长宜为 48 ~ 54 mm。
(2) 试件高度不宜小于 50 mm。
3. 不规则试件应符合下列规定：
(1) 边长为 40 ~ 60 mm 的浑圆形岩块。
(2) 试件质量宜为 150 ~ 200 g。
4. 含大颗粒岩石的试件直径或边长应大于最大颗粒粒径的 10 倍。
5. 每组试件块数不应少于 3 块</td><td rowspan="3">
岩石切割机

岩石钻芯机

岩石磨石机

烘箱</td><td rowspan="3"></td></tr>
<tr><td>2</td><td>试件描述</td><td>1. 岩石名称、颜色、矿物成分、风化程度。
2. 裂隙分布。
3. 试件形状</td></tr>
<tr><td>3</td><td>试验步骤</td><td>1. 清除试件表面的尘土和松动颗粒。对软岩和极软岩，试件应采取保护措施，防止试件在吸水过程中掉块或崩解。
2. 将制备好的试件放入烘干至恒重的称量盒内，称试样加盒质量。
3. 将试件放入烘箱，在 105 ~ 110 ℃ 的恒温下烘干，烘干时间不应少于 24 h。
4. 将试件从烘箱中取出，放入干燥器内冷却至室温，称试件质量。</td></tr>
</table>

3	试验步骤	5. 重复本条步骤2、3，直到相邻两次称量之差不超过后一次称量的0.1%。 6. 采用自由吸水法测定岩石自然吸水率时，应将试件放入水槽，先注水至试件高度的1/4处，以后每隔2 h分别注水至试件高度的1/2和3/4处，6 h后全部浸没试件。试件全部浸入在水中自由吸水48 h后，取出试件拭干表面水分并称量。 7. 对自由吸水后的试件应强制饱和，并应符合下列规定： (1)采用煮沸法饱和试件时，煮沸容器内的水面应始终高于试件，煮沸时间不得少于6 h。经煮沸的试件应放置在原容器中冷却至室温，取出试件拭干表面水分并称量。 (2)采用真空抽气法饱和试件时，饱和试件容器内的水面应高于试件，真空压力表读数宜为试验所在地大气压值，直至无气泡逸出，且抽气时间不得少于4 h。经真空抽气的试件应放置在原容器中，在大气压力下静置4 h，取出试件拭干表面的水分并称量。 8. 称量精确至0.01 g	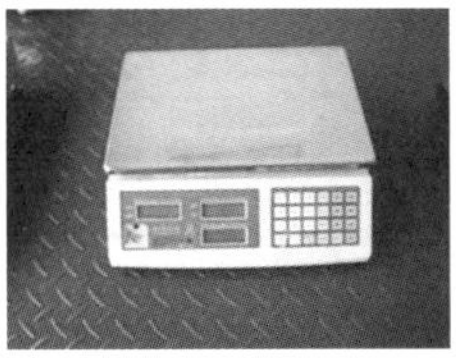 天平  干燥器 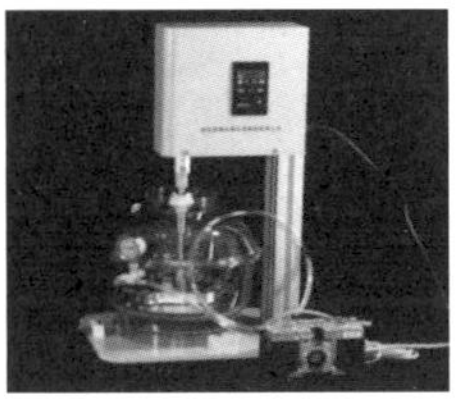 真空抽气设备 或煮沸设备：带密封盖 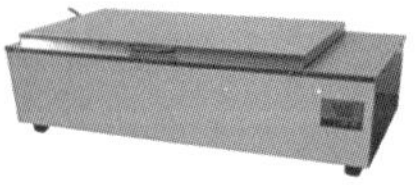 水槽	
4	结果计算	1. 岩石的自然吸水率、饱和吸水率及饱水系数应分别按下式计算： $\omega_a = \frac{m_a - m_d}{m_d} \times 100$ $\omega_s = \frac{m_s - m_d}{m_d} \times 100$ $k_w = \frac{\omega_a}{\omega_s}$ 式中　ω_a——自然吸水率(%)； ω_s——饱和吸水率(%)； m_a——试件浸水48 h后的质量，g； m_s——试件强制饱和后的质量，g； m_d——试件烘干后的质量，g； k_ω——饱水系数。 2. 计算值精确至0.01		

5	试验记录	包括工程名称、岩石名称、试件编号、试件描述、试验方法、干试件质量、浸水后试件质量、强制饱和后试件质量、试验人员、试验日期
注意事项		1. 为了测得准确的岩石吸水性，注意采样方法，并在采样后立即包装封蜡密封好，尽快送实验室测试。 2. 注意烘干至恒量的标准判断
思考与练习		1. 简述岩石试件制作的要求。 2. 简述岩石试件自由吸水后强制饱和的要求。 3. 简述岩石吸水率试验过程中对结果的主要影响因素。

3 试验成果单

实训情景三	岩石试验	日期	
实训任务二	吸水率试验	学时	4
工程实例	×××工程岩石吸水率试验检测样表	码 3-6	
小组成员		班级	
试验记录计算表	岩石吸水率试验检测记录表（见下表）		

岩石吸水率试验检测记录表

工程部位/用途		委托/任务编号			
试验依据		样品编号			
样品描述		样品名称			
试验条件		试验日期			
试验仪器设备及编号					
试件编号					
烘至恒量时的试件质量/g					
吸水至恒量时的试件质量/g					
强制饱和至恒量时的试件质量/g					
吸水率/%					
平均吸水率/%					
饱和吸水率/%					
平均饱和吸水率/%					
饱水系数					
备注					

4　任务评价单

<table>
<tr><td>实训情景三</td><td colspan="3">岩石试验</td><td>日期</td><td></td></tr>
<tr><td>实训任务二</td><td colspan="3">吸水率试验</td><td>学时</td><td>4</td></tr>
<tr><td>评价对象</td><td>评价项目</td><td>评价分值</td><td>评价得分</td><td colspan="2">评分依据</td></tr>
<tr><td rowspan="5">自我评价
(____分)</td><td>完成情况</td><td>20</td><td></td><td colspan="2">按要求完成实训任务</td></tr>
<tr><td>仪器使用</td><td>20</td><td></td><td colspan="2">正确规范操作仪器、爱护仪器</td></tr>
<tr><td>精度速度</td><td>30</td><td></td><td colspan="2">成果满足要求、精益求精、按时完成</td></tr>
<tr><td>实训纪律</td><td>10</td><td></td><td colspan="2">按时实训、遵守课堂纪律</td></tr>
<tr><td>团结合作</td><td>20</td><td></td><td colspan="2">服从安排、能配合其他组员工作</td></tr>
<tr><td rowspan="4">小组评价
(____分)</td><td>实训纪律</td><td>20</td><td></td><td colspan="2">不迟到、不早退</td></tr>
<tr><td>安全操作</td><td>20</td><td></td><td colspan="2">安全操作仪器、仪器未损坏</td></tr>
<tr><td>工作态度</td><td>20</td><td></td><td colspan="2">学习积极主动、有责任心</td></tr>
<tr><td>团队精神</td><td>40</td><td></td><td colspan="2">接受工作分配、有效沟通、主动帮助</td></tr>
<tr><td rowspan="6">教师评价
(____分)</td><td>操作程序</td><td>20</td><td></td><td colspan="2">操作程序正确、动作规范</td></tr>
<tr><td>操作速度</td><td>20</td><td></td><td colspan="2">操作速度快、按时完成实训任务</td></tr>
<tr><td>操作精度</td><td>20</td><td></td><td colspan="2">成果满足规范要求</td></tr>
<tr><td>数据记录</td><td>10</td><td></td><td colspan="2">记录规范完整,无转抄、涂改、抄袭现象</td></tr>
<tr><td>团结合作</td><td>20</td><td></td><td colspan="2">服从组长安排、能配合其他组员工作</td></tr>
<tr><td>实训纪律</td><td>10</td><td></td><td colspan="2">按时实训、遵守课堂纪律</td></tr>
<tr><td>最终得分</td><td colspan="5"></td></tr>
<tr><td>学生姓名</td><td colspan="2"></td><td>第(　　)组</td><td>组长签字</td><td></td></tr>
<tr><td>班　　级</td><td colspan="3"></td><td>教师签字</td><td></td></tr>
<tr><td>教师评语</td><td colspan="5"></td></tr>
</table>

5 教学反馈单

<table>
<tr><td colspan="2">实训情景三</td><td colspan="2">岩土试验</td><td>日期</td><td></td></tr>
<tr><td colspan="2">实训任务二</td><td colspan="2">吸水率试验</td><td>学时</td><td>4</td></tr>
<tr><td rowspan="5">学生学习反馈</td><td>1</td><td>我学到的知识点有</td><td colspan="3"></td></tr>
<tr><td>2</td><td>我掌握的技能点有</td><td colspan="3"></td></tr>
<tr><td>3</td><td>我不理解的地方有</td><td colspan="3"></td></tr>
<tr><td>4</td><td>我认为还需要深入学习和提高的地方有</td><td colspan="3"></td></tr>
<tr><td>5</td><td>在本次工作任务中，我的综合表现是</td><td colspan="3">☆☆☆☆☆
☆☆☆☆
☆☆☆</td></tr>
<tr><td colspan="6">我你对老师本次教学的改进意见是：</td></tr>
<tr><td colspan="2">学生姓名</td><td colspan="2"></td><td>班级</td><td></td></tr>
</table>

实训任务三　颗粒密度试验

1　学生工作任务单

<table>
<tr><td colspan="2">实训情景三</td><td>岩石试验</td><td>日期</td><td></td></tr>
<tr><td colspan="2">实训任务三</td><td>颗粒密度试验</td><td>学时</td><td>4</td></tr>
<tr><td colspan="2">工作任务</td><td colspan="3">采用比重瓶法或水中称量法测定指定岩石颗粒密度</td></tr>
<tr><td colspan="2">知识充电站</td><td colspan="3">岩石颗粒密度试验微课
码 3-7</td></tr>
<tr><td rowspan="3">学习目标</td><td>素质目标</td><td colspan="3">1. 实训前必须熟悉实训作业手册。
2. 按时、按步骤完成当天的实训任务。
3. 实训室应保持肃静，组员间沟通讨论应低声交流，不得谈笑喧哗，不许搞其他动作，以免影响他人实训。
4. 实训过程中，不得抄写他人的实训记录；否则，须重做。如有疑问，应向指导教师询问清楚后方可进行。
5. 每天安排值日生负责打扫实训室，保持室内整洁，注意关闭电源、门窗</td></tr>
<tr><td>知识目标</td><td colspan="3">1. 理解岩石颗粒密度的定义及试验原理。
2. 掌握岩石颗粒密度试验试件的制作及试件描述。
3. 掌握岩石颗粒密度比重瓶法、水中称量法试验步骤。
4. 掌握岩石颗粒密度试验成果整理。
5. 掌握岩石颗粒密度试验表格的填写。
6. 理解岩石颗粒密度试验过程中的注意事项</td></tr>
<tr><td>能力目标</td><td colspan="3">1. 能够制出符合试验条件的试验试件并进行试件描述。
2. 能够熟练使用试验设备。
3. 能够熟练掌握试验原理及试验步骤。
4. 能够进行试验结果计算并填写试验表格。
5. 能够完成对试验结果的判定</td></tr>
<tr><td colspan="2">工作流程</td><td colspan="3">现场岩块取样→包装封蜡送回实验室→加工、描述试件→测试岩石颗粒密度→成果整理，填写表格</td></tr>
<tr><td colspan="2">参考资料</td><td colspan="3">1.《工程岩体试验方法标准》(GB/T 50266—2013)。
2.《水利水电工程岩石试验规程》(SL/T 264—2020)</td></tr>
</table>

2　学习引导单

实训情景三	岩石试验	日期	
实训任务三	颗粒密度试验	学时	4
仪器设备	岩石钻芯机、岩石切割机、岩石磨石机、干燥器、比重瓶、真空抽气设备、粉碎机、瓷研钵、烘箱、天平、称量盒、磁铁块等		
技能充电站	岩石颗粒密度试验视频　码 3-8		

序号	工作步骤		主要仪器设备	备注
1	试件制备	1. 比重瓶法试件制备应符合下列规定： (1)将岩石试样用粉碎机粉碎成岩粉，使之全部通过 0.25 mm 的筛孔，用磁铁吸去铁屑。 (2)对含有磁性矿物的岩石，应采用瓷研钵或玛瑙研钵粉碎，使之全部通过 0.25 mm 的筛孔。 2. 水中称量法试件制备应符合下列规定： (1)试件可采用规则或不规则形状。 (2)试件最小尺寸应大于组成岩石最大颗粒粒径的 10 倍。 (3)每个试件质量不宜小于 150 g。 (4)每组试件块数不应少于 3 块	 岩石切割机  岩石钻芯机  岩石磨石机  烘箱  天平	《水利水电工程岩石试验规程》(SL/T 264—2020)为不少于 6 个试件，其他相关规范为不少于 5 个试件
2	试件描述	1. 岩石名称、颜色、矿物成分、风化程度。 2. 试件粉碎方法。 3. 试件形状		
3	试验步骤	1. 比重瓶法试验步骤： (1)将制备好的岩粉置于 105～110 ℃的恒温下烘干，烘干时间不得少于 6 h，然后放入干燥器内冷却至室温。 (2)用四分法取其中两份岩粉，每份岩粉质量宜为 15 g。		

3	试验步骤	(3)将称量后的岩粉装入烘干的比重瓶内，注入试液（水或煤油）至比重瓶容积的 1/2 处。对含水溶性矿物的岩石，应使用煤油做试液。 (4)当使用水做试液时，可采用煮沸法或真空抽气法排除气体。当使用煤油做试液时，应采用真空抽气法排除气体。 (5)当采用煮沸法排除气体时，煮沸后加热时间不应少于 1 h。当采用真空抽气法排除气体时，真空压力表读数宜为试验所在地大气压值，抽气应抽至无气泡逸出，且继续抽气时间应不少于 1 h。 (6)将经过排除气体的试液注入比重瓶至近满，然后置于恒温水槽内，使瓶内温度保持稳定，上部悬液澄清，测量瓶内试液的温度。 (7)塞好瓶塞，使多余的试液自瓶塞毛细孔中溢出，将瓶外擦干，称瓶、试液和岩粉的总质量。 (8)洗净比重瓶，注入经排除气体并与试验同温度的试液至比重瓶内，按本条步骤(6)、(7)规定称瓶和试液的总质量。 (9)本试验应进行两次平行试验。 (10)称量应准确至 0.001 g，温度应准确至 0.5 ℃。 2. 水中称量法试验步骤： (1)按吸水性试验中的规定对试件烘干、自然吸水和强制饱和。 (2)将强制饱和的试件置于水中称量装置上，将试件在水中称量，并测量水温。 (3)称量应准确至 0.01 g，温度应准确至 0.5 ℃	 干燥器  比重瓶 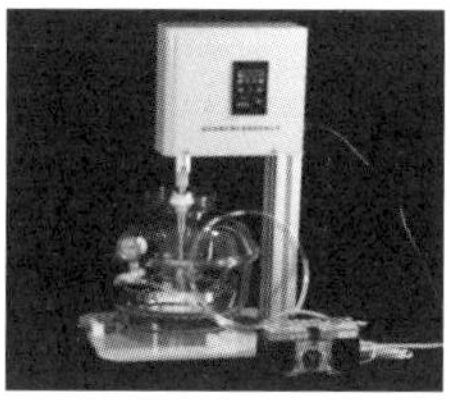 真空抽气设备或煮沸设备：带密封盖  水中称量装置	
4	结果计算	1. 比重瓶法试验岩石颗粒密度应按下式计算： $$\rho_p = \frac{m_{dp}}{m_1 + m_d - m_2}\rho_{w1}$$ 式中　ρ_p——颗粒密度，g/cm^3； m_1——比重瓶和试液总质量，g； m_2——比重瓶、试液和岩粉总质量，g； m_{dp}——烘干岩粉的质量，g； ρ_{w1}——试验温度条件下试液密度，g/cm^3。		

4	结果计算	2. 对于用煤油做试液时，煤油的密度应按下式计算： $\rho'_0 = \frac{m'_1 - m_3}{m_{10} - m_3}\rho_w$ 式中 ρ'_0——煤油密度，g/cm³； ρ_w——水的密度，g/cm³； m'_1——瓶和煤油总质量，g； m_{10}——瓶和水总质量，g； m_3——比重瓶质量，g。 3. 比重瓶法试验两次平行测定的允许偏差为±0.02 g/cm³，应取两次测值的平均值作为试验结果。 4. 水中称量法试验岩石颗粒密度应按下式计算： $\rho_p = \frac{m_d}{m_d - m_w}\rho_w$ 式中 m_w——强制饱和试件在水中的称量，g。 5. 计算值精确至 0.01 g/cm³		
5	试验记录	应包括工程名称、岩石名称、试件编号、试件描述、试验方法、试验人员、试验日期。 比重瓶法试验还应记录比重瓶编号、试液温度、试液密度、干岩粉质量、瓶和试液总质量、瓶和试液及岩粉总质量。水中称量法试验还应记录试件的干质量、浸水后质量、强制饱和后质量、试件在水中的称量、水的密度		
注意事项		1. 注意采样方法，并在采样后立即包装封蜡密封好，尽快送实验室测试。 2. 注意烘干至恒量的标准判断		
思考与练习		1. 简述岩石试件制作的要求。 2. 简述岩石试件粉碎的要求。 3. 简述比重瓶法测试岩石颗粒密度试件饱和的要求。		

3　试验成果单

实训情景三	岩石试验	日期	
实训任务三	颗粒密度试验	学时	4
工程实例	×××工程岩石颗粒密度试验检测样表 码 3-9		
小组成员		班级 第(　　)组	
试验记录计算表	岩石颗粒密度试验检测记录表		

岩石颗粒密度试验检测记录表

工程部位/用途		委托/任务编号	
试验依据		样品编号	
样品描述		样品名称	
试验条件		试验日期	
试验仪器设备及编号			

试样组	试件编号	试液温度/℃	T ℃试液密度/(g/cm^3)	烘干试样质量/g	试件强制饱和后质量/g	试件强制饱和后在水中的质量/g	试件密度/(g/cm^3)	平均密度/(g/cm^3)
备注								

4　任务评价单

<table>
<tr><td>实训情景三</td><td colspan="3">岩石试验</td><td>日期</td><td></td></tr>
<tr><td>实训任务三</td><td colspan="3">颗粒密度试验</td><td>学时</td><td>4</td></tr>
<tr><td>评价对象</td><td>评价项目</td><td>评价分值</td><td>评价得分</td><td colspan="2">评分依据</td></tr>
<tr><td rowspan="5">自我评价
(____分)</td><td>完成情况</td><td>20</td><td></td><td colspan="2">按要求完成实训任务</td></tr>
<tr><td>仪器使用</td><td>20</td><td></td><td colspan="2">正确规范操作仪器、爱护仪器</td></tr>
<tr><td>精度速度</td><td>30</td><td></td><td colspan="2">成果满足要求、精益求精、按时完成</td></tr>
<tr><td>实训纪律</td><td>10</td><td></td><td colspan="2">按时实训、遵守课堂纪律</td></tr>
<tr><td>团结合作</td><td>20</td><td></td><td colspan="2">服从安排、能配合其他组员工作</td></tr>
<tr><td rowspan="4">小组评价
(____分)</td><td>实训纪律</td><td>20</td><td></td><td colspan="2">不迟到、不早退</td></tr>
<tr><td>安全操作</td><td>20</td><td></td><td colspan="2">安全操作仪器、仪器未损坏</td></tr>
<tr><td>工作态度</td><td>20</td><td></td><td colspan="2">学习积极主动、有责任心</td></tr>
<tr><td>团队精神</td><td>40</td><td></td><td colspan="2">接受工作分配、有效沟通、主动帮助</td></tr>
<tr><td rowspan="6">教师评价
(____分)</td><td>操作程序</td><td>20</td><td></td><td colspan="2">操作程序正确、动作规范</td></tr>
<tr><td>操作速度</td><td>20</td><td></td><td colspan="2">操作速度快、按时完成实训任务</td></tr>
<tr><td>操作精度</td><td>20</td><td></td><td colspan="2">成果满足规范要求</td></tr>
<tr><td>数据记录</td><td>10</td><td></td><td colspan="2">记录规范完整，无转抄、涂改、抄袭现象</td></tr>
<tr><td>团结合作</td><td>20</td><td></td><td colspan="2">服从组长安排、能配合其他组员工作</td></tr>
<tr><td>实训纪律</td><td>10</td><td></td><td colspan="2">按时实训、遵守课堂纪律</td></tr>
<tr><td>最终得分</td><td colspan="5"></td></tr>
<tr><td>学生姓名</td><td colspan="2"></td><td>第(　　)组</td><td>组长签字</td><td></td></tr>
<tr><td>班　　级</td><td colspan="3"></td><td>教师签字</td><td></td></tr>
<tr><td>教师评语</td><td colspan="5"></td></tr>
</table>

5　教学反馈单

<table>
<tr><td colspan="2">实训情景三</td><td>岩土试验</td><td>日期</td><td></td></tr>
<tr><td colspan="2">实训任务三</td><td>颗粒密度试验</td><td>学时</td><td>4</td></tr>
<tr><td rowspan="5">学生
学习
反馈</td><td>1</td><td>我学到的知识点有</td><td colspan="2"></td></tr>
<tr><td>2</td><td>我掌握的技能点有</td><td colspan="2"></td></tr>
<tr><td>3</td><td>我不理解的地方有</td><td colspan="2"></td></tr>
<tr><td>4</td><td>我认为还需要深入学习和提高的地方有</td><td colspan="2"></td></tr>
<tr><td>5</td><td>在本次工作任务中，我的综合表现是</td><td colspan="2">★★★★★______
★★★★______
★★★______</td></tr>
<tr><td colspan="5">我对老师本次教学的改进意见是：</td></tr>
<tr><td colspan="2">学生姓名</td><td></td><td>班级</td><td></td></tr>
</table>

实训任务四　块体密度试验

1　学生工作任务单

<table>
<tr><td>实训情景三</td><td>岩石试验</td><td>日期</td><td></td></tr>
<tr><td>实训任务四</td><td>块体密度试验</td><td>学时</td><td>4</td></tr>
<tr><td>工作任务</td><td colspan="3">采用量积法、水中称量法或密封法测定指定岩石块体密度</td></tr>
<tr><td>知识充电站</td><td colspan="3">岩石块体密度试验微课
码 3-10</td></tr>
<tr><td rowspan="3">学习目标</td><td>素质目标</td><td colspan="2">1. 实训前必须熟悉实训作业手册。
2. 按时、按步骤完成当天的实训任务。
3. 实训室应保持肃静，组员间沟通讨论应低声交流，不得谈笑喧哗，不许搞其他动作，以免影响他人实训。
4. 实训过程中，不得抄写他人的实训记录；否则，须重做。如有疑问，应向指导教师询问清楚后方可进行。
5. 每天安排值日生负责打扫实训室，保持室内整洁，注意关闭电源、门窗</td></tr>
<tr><td>知识目标</td><td colspan="2">1. 理解岩石块体密度的定义及试验原理。
2. 掌握岩石块体密度试验试件的制作及试件描述。
3. 掌握岩石块体密度试验步骤。
4. 掌握岩石块体密度试验成果整理。
5. 掌握岩石块体密度试验表格的填写。
6. 理解岩石块体密度试验过程中的注意事项</td></tr>
<tr><td>能力目标</td><td colspan="2">1. 能够制出符合试验条件的试验试件并进行试件描述。
2. 能够熟练使用试验设备。
3. 能够熟练掌握试验原理及试验步骤。
4. 能够进行试验结果计算并填写试验表格。
5. 能够完成对试验结果的判定</td></tr>
<tr><td>工作流程</td><td colspan="3">现场岩块取样→包装封蜡送回实验室→加工、描述试件→测试岩石块体密度→成果整理，填写表格</td></tr>
<tr><td>参考资料</td><td colspan="3">1.《工程岩体试验方法标准》（GB/T 50266—2013）。
2.《水利水电工程岩石试验规程》（SL/T 264—2020）</td></tr>
</table>

2　学习引导单

实训情景三	岩石试验	日期	
实训任务四	块体密度试验	学时	4
仪器设备	岩石钻芯机、岩石切割机、岩石干燥器、岩石磨石机、游标卡尺、烘箱、天平、称量盒等		
技能充电站	岩石块体密度试验视频	码 3-11	

序号	工作步骤		主要仪器设备	备注
1	试件制备	1. 量积法试件制备应符合下列规定： (1)规则试件尺寸应符合下列规定： ①圆柱体直径或方柱体边长宜为 48~54 mm。 ②试件高度不宜小于 50 mm。 (2)试件高度、直径或边长的允许偏差为±0.3 mm。 (3)试件两端面的不平行度允许偏差为±0.05 mm。 (4)端面应垂直于试件轴线，允许偏差为±0.25°。 (5)方柱体或立方体试件相邻两面应互相垂直，允许偏差为±0.25°。 2. 水中称量法试件制备应符合下列规定： (1)试件可采用规则形状或不规则形状。 (2)试件最小尺寸应大于组成岩石最大颗粒粒径的 10 倍。 (3)每个试件质量不宜小于 150 g。 (4)每组试件块数不应少于 3 块。 3. 密封法试件宜采用边长为 40~60 mm 的近似立方体或浑圆状体。 4. 进行块体干密度试验时每组试件数量不得少于 3 个，块体湿密度试验时试件数量不宜少于 5 个	 岩石切割机  岩石钻芯机  岩石磨石机  烘箱 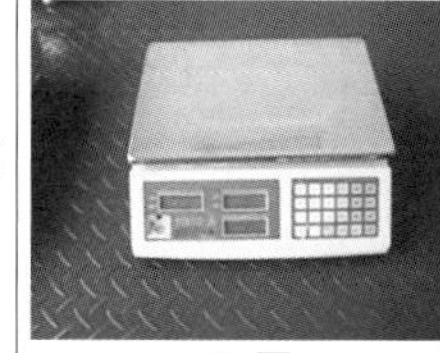 天平	
2	试件描述	1. 岩石名称、颜色、矿物成分、风化程度。 2. 裂隙分布。 3. 试件形状		
3	试验步骤	1. 量积法试验步骤： (1)测量试件两端和中间三个断面上相互垂直的两个方向的直径或边长，按平均值计算截面面积。 (2)测量两端面周边上对称四点和中心点处的高度，计算高度平均值。 (3)测量天然密度时，应称量试件在天然状态下的质量。 (4)测量烘干密度和饱和密度时，应按前款中的规定将试件烘干后称量和饱和后称量。 (5)长度测量准确至 0.01 mm，称量准确至 0.01 g。 2. 水中称量法试验步骤： (1)按规定对试件烘干、自然吸水和强制饱和。		

3	试验步骤	(2)将强制饱和的试件置于水中称量装置上,将试件在水中称量,并测量水温。 (3)称量准确至 0.01 g,温度应准确至 0.5 ℃。 3. 石蜡密封法试验步骤: (1)制备试件并称量。 (2)将试件系上细线,置于温度 60 ℃左右的融蜡中 1~2 s,使试件表面均匀涂上蜡膜,厚度宜为 1 mm。当蜡膜有气泡时,应用热针刺穿并用蜡液涂平,待冷却后称量蜡封试件质量。 (3)将蜡封试件置于水中称量。 (4)取出试件,拭干表面水分后再次称量。当浸水后的蜡封试件质量增加时,应重新试验。 (5)称量准确至 0.01 g。 4. 高分子树脂胶涂料密封法试验步骤: (1)制备试件并称量。 (2)配制高分子树脂胶。可取聚氯乙烯树脂和环己酮质量之比为 1:4,先将粉末状的树脂倒入磨口玻璃瓶内,然后将环己酮加入,用玻璃棒搅拌均匀,盖好瓶口,待粉末完全溶解呈透明状胶液后即可使用。 (3)用毛笔将高分子树脂胶均匀涂抹于试件表面,宜涂刷两遍。待溶剂挥发,在试件表面形成一层薄膜后,称量涂层与试件总质量。 (4)将蜡封试件置于水中称量。 (5)取出试件,拭干表面水分后再次称量。当浸水后的蜡封试件质量增加时,应重新试验。 (6)称量准确至 0.01 g	 干燥器:内装氯化钙或硅胶等干燥剂 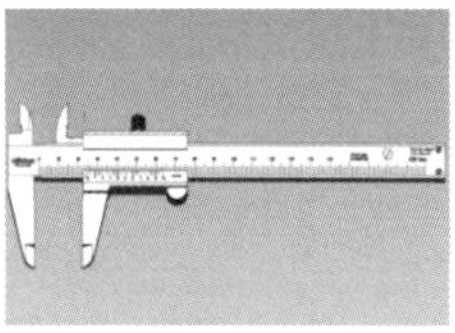 游标卡尺  水中称量装置	
4	结果计算	1. 量积法岩石块体密度应按下式计算: $\rho_0 = \frac{m_0}{AH}$ $\rho_d = \frac{m_d}{AH}$ $\rho_s = \frac{m_s}{AH}$ 式中 ρ_0——岩块天然密度,g/cm^3; ρ_d——岩块干密度,g/cm^3; ρ_s——岩块饱和密度,g/cm^3; m_0——岩块天然状态质量,g; m_d——岩块烘干后质量,g; m_s——岩块饱和后质量,g; A——试件截面面积,cm^2; H——试件高度,cm。 2. 水中称量法岩石块体密度按下式计算:		

4	结果计算	$\rho_0=\dfrac{m_0}{m_s-m_w}\times\rho_w$ $\rho_d=\dfrac{m_d}{m_s-m_w}\times\rho_w$ $\rho_s=\dfrac{m_s}{m_s-m_w}\times\rho_w$ 式中　m_w——强制饱和试件在水中的质量,g; ρ_ω——水的密度,g/cm^3。 3. 石蜡密封法岩石块体密度按下式计算: $\rho_0=\dfrac{m_0}{\dfrac{m_{lp}-m_{lw}}{\rho_w}-\dfrac{m_{lp}-m_0}{\rho_l}}$ $\rho_d=\dfrac{\rho_0}{1+0.01\omega_0}$ 式中　m_{lp}——蜡封试件质量,g; m_{lw}——蜡封试件水中质量,g; ρ_l——石蜡密度,g/cm^3; ω_0——岩块含水率(%)。 4. 高分子树脂胶涂料密封法岩石块体密度应按下式计算: $\rho_0=\dfrac{m_0}{\dfrac{m_n-m_{nw}}{\rho_w}-\dfrac{m_n-m_0}{\rho_n}}$ $\rho_d=\dfrac{\rho_0}{1+0.01\omega_0}$ 式中　m_n——涂封高分子树脂胶试件质量,g; m_{nw}——涂封高分子树脂胶试件在水中的质量,g; ρ_n——高分子树脂密度,g/cm^3。 5. 岩石孔隙率按下式计算: $n_p=\left(1-\dfrac{\rho_d}{\rho_p}\right)\times 100$ 式中　n_p——岩石孔隙率(%); ρ_p——颗粒密度,g/cm^3。 6. 密度计算精确至 0.01 g/cm^3,孔隙率计算精确至 0.01%		
5	试验记录	包括工程名称、岩石名称、样品编号、样品描述、试验方法、试件在各种含水状态下的质量、试件水中称量、试件尺寸、水的密度、石蜡或高分子树脂胶的密度、试验人员、试验日期		
注意事项		1. 注意试验方法的选择。 2. 试样的恒温条件应与测试条件一致。 3. 注意烘干至恒量的标准判断		
思考与练习		1. 简述岩石块体密度试验试件的制作及试件描述的要求。 2. 岩石块体密度试验水中称量法测定的结果是偏大还是偏小?说明原因。 3. 简述岩石块体密度试验成果整理的注意事项。		

3　试验成果单

实训情景三	岩石试验	日期	
实训任务四	块体密度试验	学时	4
工程实例	×××工程岩石块体密度试验检测样表 码 3-12		
小组成员		班级 第(　　)组	
试验记录计算表	块体密度试验检测记录表(量积法)		

块体密度试验检测记录表(量积法)

工程部位/用途		委托/任务编号	
试验依据		试件编号	
试件描述		试件名称	
试验条件		试验日期	
试验仪器设备及编号			

试件组	岩石含水状态	试件编号	试件尺寸		试件不同含水状态质量/g	岩石的体积/cm^3	密度/(g/cm^3)	平均密度/(g/cm^3)
			截面面积/mm^2	高度/mm				
备注								

试验记录计算表

岩石块体密度试验检测记录表(水中称量法)

工程部位/用途					委托/任务编号			
试验依据					试件编号			
试件描述					试件名称			
试验仪器设备及编号								
试件组	试件编号	试液温度/℃	T ℃试液密度/(g/cm^3)	烘干试样质量/g	试件强制饱和后质量/g	试件强制饱和后在水中的质量/g	密度/(g/cm^3)	平均密度/(g/cm^3)
备注								

岩石块体密度试验检测记录表(石蜡密封法)

工程部位/用途						委托/任务编号				
试验依据						试件编号				
试件描述						试件名称				
试验条件						试验日期				
试验仪器设备及编号										
试件组	试件编号	试件烘干前质量/g	试件烘干后质量/g	蜡封试件质量/g	涂蜡试件在水中的质量/g	石蜡体积/cm^3	石蜡密度/(g/cm^3)	水的密度/(g/cm^3)	密度/(g/cm^3)	平均密度/(g/cm^3)
备注										

<table>
<tr><td rowspan="16">试验记录计算表</td><td colspan="11">岩石块体密度试验检测记录表(高分子树脂胶涂料密封法)</td></tr>
<tr><td colspan="3">工程部位/用途</td><td colspan="2">—</td><td colspan="3">委托/任务编号</td><td colspan="3">—</td></tr>
<tr><td colspan="3">试验依据</td><td colspan="2">《水利水电工程岩石试验规程》(SL/T 264—2020)</td><td colspan="3">试件编号</td><td colspan="3">—</td></tr>
<tr><td colspan="3">试件描述</td><td colspan="2">岩石无裂缝、无破损,灰色,未风化</td><td colspan="3">试件名称</td><td colspan="3">岩石试样</td></tr>
<tr><td colspan="3">试验条件</td><td colspan="2">22 ℃,55%RH</td><td colspan="3">试验日期</td><td colspan="3">—</td></tr>
<tr><td colspan="4">试验仪器设备及编号</td><td colspan="7"></td></tr>
<tr><td>试件组</td><td>试件编号</td><td>试件烘干前质量/g</td><td>试件烘干后质量/g</td><td>涂封高分子树脂胶试件质量/g</td><td>涂封高分子树脂试件在水中的质量/g</td><td>树脂体积/cm^3</td><td>树脂密度/(g/cm^3)</td><td>水的密度/(g/cm^3)</td><td>密度/(g/cm^3)</td><td>平均密度/(g/cm^3)</td></tr>
<tr><td rowspan="3"></td><td></td><td></td><td></td><td></td><td></td><td></td><td></td><td></td><td></td><td rowspan="3"></td></tr>
<tr><td></td><td></td><td></td><td></td><td></td><td></td><td></td><td></td><td></td></tr>
<tr><td></td><td></td><td></td><td></td><td></td><td></td><td></td><td></td><td></td></tr>
<tr><td rowspan="3"></td><td></td><td></td><td></td><td></td><td></td><td></td><td></td><td></td><td></td><td rowspan="3"></td></tr>
<tr><td></td><td></td><td></td><td></td><td></td><td></td><td></td><td></td><td></td></tr>
<tr><td></td><td></td><td></td><td></td><td></td><td></td><td></td><td></td><td></td></tr>
<tr><td colspan="2">备注</td><td colspan="9"></td></tr>
</table>

4　任务评价单

<table>
<tr><td>实训情景三</td><td colspan="3">岩石试验</td><td>日期</td><td></td></tr>
<tr><td>实训任务四</td><td colspan="3">块体密度试验</td><td>学时</td><td>4</td></tr>
<tr><td>评价对象</td><td>评价项目</td><td>评价分值</td><td>评价得分</td><td colspan="2">评分依据</td></tr>
<tr><td rowspan="5">自我评价
(____分)</td><td>完成情况</td><td>20</td><td></td><td colspan="2">按要求完成实训任务</td></tr>
<tr><td>仪器使用</td><td>20</td><td></td><td colspan="2">正确规范操作仪器、爱护仪器</td></tr>
<tr><td>精度速度</td><td>30</td><td></td><td colspan="2">成果满足要求、精益求精、按时完成</td></tr>
<tr><td>实训纪律</td><td>10</td><td></td><td colspan="2">按时实训、遵守课堂纪律</td></tr>
<tr><td>团结合作</td><td>20</td><td></td><td colspan="2">服从安排、能配合其他组员工作</td></tr>
<tr><td rowspan="4">小组评价
(____分)</td><td>实训纪律</td><td>20</td><td></td><td colspan="2">不迟到、不早退</td></tr>
<tr><td>安全操作</td><td>20</td><td></td><td colspan="2">安全操作仪器、仪器未损坏</td></tr>
<tr><td>工作态度</td><td>20</td><td></td><td colspan="2">学习积极主动、有责任心</td></tr>
<tr><td>团队精神</td><td>40</td><td></td><td colspan="2">接受工作分配、有效沟通、主动帮助</td></tr>
<tr><td rowspan="6">教师评价
(____分)</td><td>操作程序</td><td>20</td><td></td><td colspan="2">操作程序正确、动作规范</td></tr>
<tr><td>操作速度</td><td>20</td><td></td><td colspan="2">操作速度快、按时完成实训任务</td></tr>
<tr><td>操作精度</td><td>20</td><td></td><td colspan="2">成果满足规范要求</td></tr>
<tr><td>数据记录</td><td>10</td><td></td><td colspan="2">记录规范完整，无转抄、涂改、抄袭现象</td></tr>
<tr><td>团结合作</td><td>20</td><td></td><td colspan="2">服从组长安排、能配合其他组员工作</td></tr>
<tr><td>实训纪律</td><td>10</td><td></td><td colspan="2">按时实训、遵守课堂纪律</td></tr>
<tr><td>最终得分</td><td colspan="5"></td></tr>
<tr><td>学生姓名</td><td colspan="2"></td><td>第(　　)组</td><td>组长签字</td><td></td></tr>
<tr><td>班　　级</td><td colspan="3"></td><td>教师签字</td><td></td></tr>
<tr><td>教师评语</td><td colspan="5"></td></tr>
</table>

5　教学反馈单

<table>
<tr><td colspan="2">实训情景三</td><td>岩石试验</td><td>日期</td><td></td></tr>
<tr><td colspan="2">实训任务四</td><td>块体密度试验</td><td>学时</td><td>4</td></tr>
<tr><td rowspan="5">学生
学习
反馈</td><td>1</td><td>我学到的知识点有</td><td colspan="2"></td></tr>
<tr><td>2</td><td>我掌握的技能点有</td><td colspan="2"></td></tr>
<tr><td>3</td><td>我不理解的地方有</td><td colspan="2"></td></tr>
<tr><td>4</td><td>我认为还需要深入学习和提高的地方有</td><td colspan="2"></td></tr>
<tr><td>5</td><td>在本次工作任务中,我的综合表现是</td><td colspan="2">★★★★★
★★★★
★★★</td></tr>
<tr><td colspan="5">我对老师本次教学的改进意见是:</td></tr>
<tr><td colspan="2">学生姓名</td><td></td><td>班级</td><td></td></tr>
</table>

实训任务五　冻融试验

1　学生工作任务单

<table>
<tr><td colspan="2">实训情景三</td><td>岩石试验</td><td>日期</td><td></td></tr>
<tr><td colspan="2">实训任务五</td><td>冻融试验</td><td>学时</td><td>4</td></tr>
<tr><td colspan="2">工作任务</td><td colspan="3">采用直接冻融法测定指定岩石冻融性能</td></tr>
<tr><td colspan="2">知识充电站</td><td colspan="3">岩石冻融试验微课
码 3-13</td></tr>
<tr><td rowspan="3">学习目标</td><td>素质目标</td><td colspan="3">1. 实训前必须熟悉实训作业手册。
2. 按时、按步骤完成当天的实训任务。
3. 实训室应保持肃静，组员间沟通讨论应低声交流，不得谈笑喧哗，不许搞其他动作，以免影响他人实训。
4. 实训过程中，不得抄写他人的实训记录；否则，须重做。如有疑问，应向指导教师询问清楚后方可进行。
5. 每天安排值日生负责打扫实训室，保持室内整洁，注意关闭电源、门窗</td></tr>
<tr><td>知识目标</td><td colspan="3">1. 理解岩石冻融试验的定义及试验原理。
2. 掌握岩石冻融试验试件的制作及试件描述。
3. 掌握岩石冻融试验步骤。
4. 掌握岩石冻融试验成果整理。
5. 掌握岩石冻融试验表格的填写。
6. 理解岩石冻融试验过程中的注意事项</td></tr>
<tr><td>能力目标</td><td colspan="3">1. 能够制出符合试验条件的试验试件并进行试件描述。
2. 能够熟练使用试验设备。
3. 能够熟练掌握试验原理及试验步骤。
4. 能够进行试验结果计算并填写试验表格。
5. 能够完成对试验结果的判定</td></tr>
<tr><td colspan="2">工作流程</td><td colspan="3">现场岩块取样→包装封蜡送回实验室→加工、描述试件→测试岩石冻融性能→成果整理，填写表格</td></tr>
<tr><td colspan="2">参考资料</td><td colspan="3">1.《工程岩体试验方法标准》(GB/T 50266—2013)。
2.《水利水电工程岩石试验规程》(SL/T 264—2020)</td></tr>
</table>

2　学习引导单

实训情景三	岩石试验	日期	
实训任务五	冻融试验	学时	4
仪器设备	岩石钻芯机、岩石切割机、岩石磨石机、试件饱和设备、材料试验机、烘箱、天平、低温冰箱、干燥器、游标卡尺、称量盒等		
技能充电站	岩石冻融试验视频　码 3-14		

序号	工作步骤		主要仪器设备	备注
1	试件制备	1. 试件应采用标准试件，对于非均质粗粒岩石或非标准钻孔岩芯，可采用非标准试件。 2. 标准试件可用钻孔岩芯或坑探槽中采取岩块加工制成。试件直径宜为 48~54 mm，且应大于岩石最大颗粒粒径的 10 倍。试件高度与直径之比应为 2.0~2.5。试件在采取、运输和制备过程中应避免扰动。 3. 对于非标准试件，试件高径比不宜小于 2.0。 4. 对于遇水崩解、溶解和干缩湿胀的岩石，应采用干法制备试件。 5. 试件精度：试件高度、直径或边长的允许偏差为±0.3 mm。 6. 试件两端面的不平行度允许偏差为±0.05 mm。 7. 端面应垂直于试件轴线，允许偏差为±0.25°。 8. 每组试件不应少于 6 个	 岩石切割机  岩石钻芯机  岩石磨石机  烘箱  天平	
2	试件描述	1. 岩石名称、颜色、矿物成分、颗粒大小、裂隙分布、风化蚀变特征。 2. 加载方向与层理、片理及裂隙之间的关系		
3	试验步骤	1. 试件的干燥、吸水、饱和处理及称量应符合前款的规定。 2. 取 3 块饱和试件进行冻融前的单轴抗压强度试验。		

3	试验步骤	3. 将另外3块饱和试件置入白铁皮盒内的铁丝架中，再一起置入低温冰箱，在(−20±2)℃温度下冷冻时间不应少于4 h，然后取出白铁皮盒，往盒内注水浸没试件，水温应保持在(20±2)℃，融解时间不应少于4 h，完成一个循环。特殊冻融试验在(−40±2)℃温度下冷冻时间不应少于8 h，融解时间不应少于8 h。 4. 冻融循环次数应不少于25次。根据工程需要，冻融循环次数可选用50次或100次。 5. 每完成一次冻融循环，应检查各试件有无掉块、裂缝等，观察其破坏过程和裂隙开度变化情况。试验结束后全面检查，并记录。 6. 冻融循环结束后，从水中取出试件拭干表面水分并称量，进行单轴抗压强度试验	 干燥器 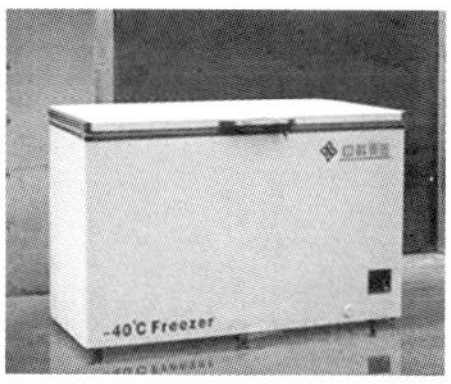 低温冰箱  试件饱和设备 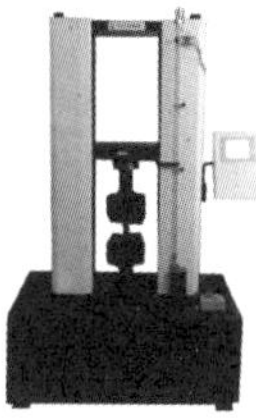 材料试验机	
4	结果计算	1. 冻融质量损失率、冻融前饱和单轴抗压强度、冻融后的饱和单轴抗压强度和冻融系数按下式计算： $$L_f = \frac{m_s - m_f}{m_s} \times 100$$ $$R_s = \frac{P_s}{A}$$ $$R_f = \frac{P_f}{A}$$ $$K_f = \frac{\overline{R}_f}{\overline{R}_s}$$		

4	结果计算	式中 L_f——冻融质量损失率(%)。 R_s——冻融前饱和单轴抗压强度,MPa。 R_f——冻融后饱和单轴抗压强度,MPa。 K_f——冻融系数。 m_s——冻融试验前试件饱和质量,g。 m_f——冻融试验后试件饱和质量,g。 P_s——冻融前饱和试件破坏载荷,N。 P_f——冻融后饱和试件破坏载荷,N。 A——试件截面面积,mm^2。 $\overline{R}_f$——冻融试验后饱和单轴抗压强度平均值,MPa。 $\overline{R}_s$——冻融试验前饱和单轴抗压强度平均值,MPa。 2. 饱和单轴抗压强度取 3 位有效数字。 3. 冻融质量损失率和冻融系数计算精确至 0.01		
5	试验记录	包括工程名称、岩石名称、取样地点、试件编号、试件描述、试件尺寸、干试件质量、冻融循环次数、冻融前后饱和试件质量、破坏载荷、试验人员、试验日期		
注意事项		1. 对制作好的试件外观描述要准确。 2. 注意烘干至恒量的标准判断。 3. 应在每次冻融后观察和描述试件的破坏现象,着重注意检查试件最后一次试验后剥落、裂缝和边角损坏等情况		
思考与练习		1. 岩石冻融试验的直接指标及各自内涵是什么? 2. 影响岩石冻融性能的主要影响因素有哪些? 3. 岩石冻融性能判定的指标有哪些?		

3　试验成果单

<table>
<tr><td>实训情景三</td><td>岩石试验</td><td>日期</td><td></td></tr>
<tr><td>实训任务五</td><td>冻融试验</td><td>学时</td><td>4</td></tr>
<tr><td>工程实例</td><td colspan="3">×××工程岩石冻融试验检测样表
码 3-15</td></tr>
<tr><td>小组成员</td><td></td><td>班级
第(　　)组</td><td></td></tr>
<tr><td>试验记录
计算表</td><td colspan="3">
岩石冻融试验检测记录表
<table>
<tr><td>委托单号</td><td></td><td>任务单号</td><td></td><td>样品编号</td><td></td></tr>
<tr><td>试验规程</td><td></td><td>冰箱温度/℃</td><td></td><td>水的温度/℃</td><td></td></tr>
<tr><td>主检仪器</td><td colspan="3"></td><td>试验日期</td><td></td></tr>
</table>
<table>
<tr><td colspan="9">冻融后的质量损失率和吸水率试验</td></tr>
<tr><td rowspan="2">试件编号</td><td rowspan="2">试验前试件烘干质量/g</td><td rowspan="2">试验后试件烘干质量/g</td><td rowspan="2">冻融试验后的饱水质量/g</td><td rowspan="2">冻融循环次数/次</td><td colspan="2">冻融后的质量损失率/%</td><td colspan="2">冻融后的吸水率/%</td></tr>
<tr><td>单值</td><td>平均值</td><td>单值</td><td>平均值</td></tr>
<tr><td></td><td></td><td></td><td></td><td></td><td></td><td rowspan="3"></td><td></td><td rowspan="3"></td></tr>
<tr><td></td><td></td><td></td><td></td><td></td><td></td><td></td></tr>
<tr><td></td><td></td><td></td><td></td><td></td><td></td><td></td></tr>
</table>
<table>
<tr><td colspan="9">冻融系数试验</td></tr>
<tr><td rowspan="2">项目</td><td rowspan="2">试件编号</td><td colspan="2">试件尺寸</td><td colspan="2">冻融前饱水抗压强度/MPa</td><td colspan="2">冻融后饱水抗压强度/MPa</td><td rowspan="2">冻融系数</td></tr>
<tr><td>直径/mm</td><td>高度/mm</td><td>单值</td><td>平均值</td><td>单值</td><td>平均值</td></tr>
<tr><td>冻融前</td><td></td><td></td><td></td><td></td><td></td><td></td><td></td><td rowspan="2"></td></tr>
<tr><td>冻融后</td><td></td><td></td><td></td><td></td><td></td><td></td><td></td></tr>
<tr><td colspan="9">备注：</td></tr>
</table>
</td></tr>
</table>

4　任务评价单

实训情景三	岩石试验			日期	
实训任务五	冻融试验			学时	4
评价对象	评价项目	评价分值	评价得分	评分依据	
自我评价（____分）	完成情况	20		按要求完成实训任务	
	仪器使用	20		正确规范操作仪器、爱护仪器	
	精度速度	30		成果满足要求、精益求精、按时完成	
	实训纪律	10		按时实训、遵守课堂纪律	
	团结合作	20		服从安排、能配合其他组员工作	
小组评价（____分）	实训纪律	20		不迟到、不早退	
	安全操作	20		安全操作仪器、仪器未损坏	
	工作态度	20		学习积极主动、有责任心	
	团队精神	40		接受工作分配、有效沟通、主动帮助	
教师评价（____分）	操作程序	20		操作程序正确、动作规范	
	操作速度	20		操作速度快、按时完成实训任务	
	操作精度	20		成果满足规范要求	
	数据记录	10		记录规范完整，无转抄、涂改、抄袭现象	
	团结合作	20		服从组长安排、能配合其他组员工作	
	实训纪律	10		按时实训、遵守课堂纪律	
最终得分					
学生姓名			第（　　）组	组长签字	
班　　级				教师签字	
教师评语					

5　教学反馈单

<table>
<tr><td colspan="2">实训情景三</td><td>岩土试验</td><td>日期</td><td></td></tr>
<tr><td colspan="2">实训任务五</td><td>冻融试验</td><td>学时</td><td>4</td></tr>
<tr><td rowspan="5">学生学习反馈</td><td>1</td><td>我学到的知识点有</td><td colspan="2"></td></tr>
<tr><td>2</td><td>我掌握的技能点有</td><td colspan="2"></td></tr>
<tr><td>3</td><td>我不理解的地方有</td><td colspan="2"></td></tr>
<tr><td>4</td><td>我认为还需要深入学习和提高的地方有</td><td colspan="2"></td></tr>
<tr><td>5</td><td>在本次工作任务中,我的综合表现是</td><td colspan="2">★★★★★ ____
★★★★ ____
★★★ ____</td></tr>
<tr><td colspan="5">我对老师本次教学的改进意见是:</td></tr>
<tr><td colspan="2">学生姓名</td><td></td><td>班级</td><td></td></tr>
</table>

实训任务六　单轴抗压强度试验

1　学生工作任务单

<table>
<tr><td colspan="2">实训情景三</td><td>岩石试验</td><td>日期</td><td></td></tr>
<tr><td colspan="2">实训任务六</td><td>单轴抗压强度试验</td><td>学时</td><td>4</td></tr>
<tr><td colspan="2">工作任务</td><td colspan="3">测定指定岩石单轴抗压强度</td></tr>
<tr><td colspan="2">知识充电站</td><td colspan="3">岩石单轴抗压强度试验微课
码 3-16</td></tr>
<tr><td rowspan="3">学习目标</td><td>素质目标</td><td colspan="3">1. 实训前必须熟悉实训作业手册。
2. 按时、按步骤完成当天的实训任务。
3. 实训室应保持肃静，组员间沟通讨论应低声交流，不得谈笑喧哗，不许搞其他动作，以免影响他人实训。
4. 实训过程中，不得抄写他人的实训记录；否则，须重做。如有疑问，应向指导教师询问清楚后方可进行。
5. 每天安排值日生负责打扫实训室，保持室内整洁，注意关闭电源、门窗</td></tr>
<tr><td>知识目标</td><td colspan="3">1. 理解岩石单轴抗压强度试验的定义及试验原理。
2. 掌握岩石单轴抗压强度试验试件的制作及试件描述。
3. 掌握岩石单轴抗压强度试验步骤。
4. 掌握岩石单轴抗压强度试验成果整理。
5. 掌握岩石单轴抗压强度试验表格的填写。
6. 理解岩石单轴抗压强度试验过程中的注意事项</td></tr>
<tr><td>能力目标</td><td colspan="3">1. 能够制出符合试验条件的试验试件并进行试件描述。
2. 能够熟练使用试验设备。
3. 能够熟练掌握试验原理及试验步骤。
4. 能够进行试验结果计算并填写试验表格。
5. 能够完成对试验结果的判定</td></tr>
<tr><td colspan="2">工作流程</td><td colspan="3">现场岩块取样→包装封蜡送回实验室→加工、描述试件→测试岩石单轴抗压强度→成果整理，填写表格</td></tr>
<tr><td colspan="2">参考资料</td><td colspan="3">1.《工程岩体试验方法标准》（GB/T 50266—2013）。
2.《水利水电工程岩石试验规程》（SL/T 264—2020）</td></tr>
</table>

2　学习引导单

实训情景三	岩石试验	日期	
实训任务六	单轴抗压强度试验	学时	4
仪器设备	岩石钻芯机、岩石切割机、岩石磨石机、材料试验机、干燥器、游标卡尺、烘箱、天平、饱和设备等		
技能充电站	岩石单轴抗压强度试验视频 码 3-17		

<table>
<tr><th>序号</th><th colspan="2">工作步骤</th><th>主要仪器设备</th><th>备注</th></tr>
<tr><td>1</td><td>试件制备</td><td>1. 试件应采用标准试件，对于非均质粗粒岩石或非标准钻孔岩芯，可采用非标准试件。
2. 标准试件可用钻孔岩芯或坑探槽中采取岩块加工制成。试件直径宜为 48～54 mm，且应大于岩石最大颗粒粒径的 10 倍。试件高度与直径之比应为 2.0～2.5。试件在采取、运输和制备过程中应避免扰动。
3. 对于非标准试件，试件高径比不宜小于 2.0。
4. 对于遇水崩解、溶解和干缩湿胀的岩石，应采用干法制备试件。
5. 试件高度、直径或边长的允许偏差为±0.3 mm。
6. 试件两端面的不平行度允许偏差为±0.05 mm。
7. 端面应垂直于试件轴线，允许偏差为±0.25°。
8. 试件含水状态可根据需要选择天然状态、烘干状态或饱和状态，并应符合下列规定：
(1)天然状态应在试样拆除密封后立即制备试件，并测定其天然含水率。
(2)烘干状态应符合下列规定：
①将试件放入烘箱，在 105～110 ℃的恒温下烘干，烘干时间不应少于 24 h。
②将试件从烘箱中取出，放入干燥器内冷却至室温，称量试件质量。
③重复本条前款步骤，直到相邻两次称量之差不超过后一次称量的 0.1%。
(3)饱和状态应符合下列规定：</td><td>
岩石切割机

岩石钻芯机

岩石磨石机</td><td></td></tr>
</table>

1	试件制备	①采用自由吸水法测定岩石自然吸水率时,应将试件放入水槽,先注水至试件高度的 1/4 处,然后每隔 2 h 分别注水至试件高度的 1/2 处和 3/4 处,6 h 后全部浸没试件。试件全部浸入在水中自由吸水 48 h 后,取出试件拭干表面水分并称量。 ②对自由吸水后的试件应强制饱和,并应符合下列规定: 采用煮沸法饱和试件时,煮沸容器内的水面应始终高于试件,煮沸时间不得少于 6 h。经煮沸的试件应放置在原容器中冷却至室温,取出试件拭干表面水分并称量。 采用真空抽气法饱和试件时,饱和试件容器内的水面应高于试件,真空压力表读数宜为试验所在地大气压值,直至无气泡逸出,且抽气时间不得少于 4 h。经真空抽气的试件应放置在原容器中,在大气压力下静置 4 h,取出试件拭干表面的水分并称量。 9. 需要测试软化系数时,应同时制备烘干状态试件和饱和状态试件各 1 组。 10. 同一含水状态、同一加压方向下每组试件数量不应少于 3 个	 烘箱 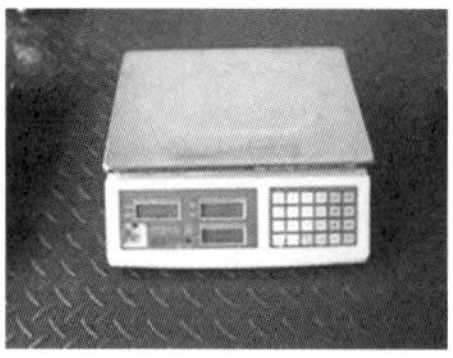 干燥器 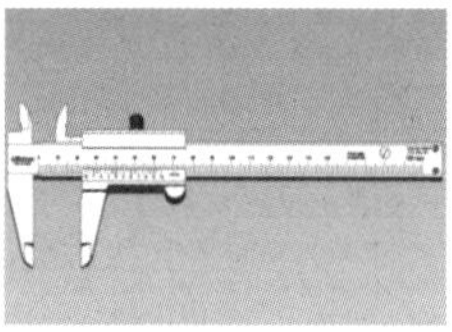 游标卡尺 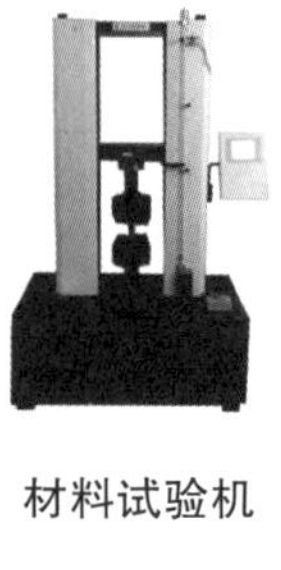 材料试验机	《水利水电工程岩石试验规程》(SL/T 264—2020)为不少于 6 个试件,其他相关规范为不少于 5 个试件
2	试件描述	1. 岩石名称、颜色、矿物成分、风化程度。 2. 试件的层理、节理、裂隙及其与加载方向的关系。 3. 含水状态。 4. 试件加工过程中出现的问题		
3	试验步骤	1. 将试件置于试验机承压板中心,上、下承压板与试件之间放置与试件相同直径的刚性垫块,垫块厚度与直径之比不应小于 0.5。 2. 调整球形座,使刚性垫块与试验机上、下承压板均匀接触,受力对中。在试件调平过程中,接触载荷内相对两轴向应变值两次读数之差不得大于 1 倍。 3. 以 0.2~1.0 MPa/s 的速率加载直至破坏。 4. 试验结束后,描述试件的破坏形态		

<table>
<tr><td>4</td><td>结果
计算</td><td>1. 岩石单轴抗压强度和软化系数应按下式计算：
$$R = \frac{P}{A}$$
$$\eta = \frac{\overline{R}_s}{\overline{R}_d}$$
式中 R——岩石单轴抗压强度，MPa；
P——破坏荷载，N；
A——试件截面面积，mm^2；
η——软化系数；
$\overline{R}_s$——饱和状态下单轴抗压强度平均值，MPa；
$\overline{R}_d$——烘干状态下单轴抗压强度平均值，MPa。
2. 强度计算值取 3 位有效数字，软化系数计算值精确至 0.01</td><td></td><td></td></tr>
<tr><td>5</td><td>试验
记录</td><td colspan="3">包括工程名称、岩石名称、取样位置、试件编号、试件描述、试件含水状态、试件尺寸、加载方向、破坏最大载荷、破坏形态、试验人员、试验日期</td></tr>
<tr><td colspan="2">注意事项</td><td colspan="3">1. 注意岩石的矿物组成、岩石结构、构造对强度的影响。
2. 注意岩石含水率对单轴抗压强度的影响。
3. 岩石单轴抗压强度试验过程中试验压力对结果的影响</td></tr>
<tr><td colspan="2">思考与练习</td><td colspan="3">1. 简述岩石单轴抗压强度试验试件的制作及试件描述的要求。

2. 简述岩石单轴抗压强度试件尺寸的要求及对结果的影响。

3. 岩石单轴抗压强度试验结果如何判定？</td></tr>
</table>

3 试验成果单

实训情景三	岩石试验	日期	
实训任务六	单轴抗压强度试验	学时	4
工程实例	×××工程岩石单轴抗压强度试验检测样表		码 3-18
小组成员		班级 第(　　)组	
试验记录计算表	（见下表）		

岩石单轴抗压强度试验检测记录表

工程部位/用途		委托/任务编号	
试验依据		样品编号	
样品描述		样品名称	
试验条件		试验日期	
试验仪器设备及编号			

试件组	试件编号	试件状态	试件规格 平均直径/mm	试件规格 平均高度/mm	试件规格 横截面面积/mm^2	破坏最大荷载/kN	抗压强度/MPa	平均抗压强度/MPa
1								
2								
备注								

4　任务评价单

<table>
<tr><td>实训情景三</td><td colspan="3">岩石试验</td><td>日期</td><td></td></tr>
<tr><td>实训任务六</td><td colspan="3">单轴抗压强度试验</td><td>学时</td><td>4</td></tr>
<tr><td>评价对象</td><td>评价项目</td><td>评价分值</td><td>评价得分</td><td colspan="2">评分依据</td></tr>
<tr><td rowspan="5">自我评价
（____分）</td><td>完成情况</td><td>20</td><td></td><td colspan="2">按要求完成实训任务</td></tr>
<tr><td>仪器使用</td><td>20</td><td></td><td colspan="2">正确规范操作仪器、爱护仪器</td></tr>
<tr><td>精度速度</td><td>30</td><td></td><td colspan="2">成果满足要求、精益求精、按时完成</td></tr>
<tr><td>实训纪律</td><td>10</td><td></td><td colspan="2">按时实训、遵守课堂纪律</td></tr>
<tr><td>团结合作</td><td>20</td><td></td><td colspan="2">服从安排、能配合其他组员工作</td></tr>
<tr><td rowspan="4">小组评价
（____分）</td><td>实训纪律</td><td>20</td><td></td><td colspan="2">不迟到、不早退</td></tr>
<tr><td>安全操作</td><td>20</td><td></td><td colspan="2">安全操作仪器、仪器未损坏</td></tr>
<tr><td>工作态度</td><td>20</td><td></td><td colspan="2">学习积极主动、有责任心</td></tr>
<tr><td>团队精神</td><td>40</td><td></td><td colspan="2">接受工作分配、有效沟通、主动帮助</td></tr>
<tr><td rowspan="6">教师评价
（____分）</td><td>操作程序</td><td>20</td><td></td><td colspan="2">操作程序正确、动作规范</td></tr>
<tr><td>操作速度</td><td>20</td><td></td><td colspan="2">操作速度快、按时完成实训任务</td></tr>
<tr><td>操作精度</td><td>20</td><td></td><td colspan="2">成果满足规范要求</td></tr>
<tr><td>数据记录</td><td>10</td><td></td><td colspan="2">记录规范完整，无转抄、涂改、抄袭现象</td></tr>
<tr><td>团结合作</td><td>20</td><td></td><td colspan="2">服从组长安排、能配合其他组员工作</td></tr>
<tr><td>实训纪律</td><td>10</td><td></td><td colspan="2">按时实训、遵守课堂纪律</td></tr>
<tr><td>最终得分</td><td colspan="5"></td></tr>
<tr><td>学生姓名</td><td colspan="2"></td><td>第（　　）组</td><td>组长签字</td><td></td></tr>
<tr><td>班　　级</td><td colspan="3"></td><td>教师签字</td><td></td></tr>
<tr><td>教师评语</td><td colspan="5"></td></tr>
</table>

5　教学反馈单

<table>
<tr><td colspan="2">实训情景三</td><td colspan="2">岩土试验</td><td>日期</td><td></td></tr>
<tr><td colspan="2">实训任务六</td><td colspan="2">单轴抗压强度试验</td><td>学时</td><td>4</td></tr>
<tr><td rowspan="5">学生学习反馈</td><td>1</td><td>我学到的知识点有</td><td colspan="3"></td></tr>
<tr><td>2</td><td>我掌握的技能点有</td><td colspan="3"></td></tr>
<tr><td>3</td><td>我不理解的地方有</td><td colspan="3"></td></tr>
<tr><td>4</td><td>我认为还需要深入学习和提高的地方有</td><td colspan="3"></td></tr>
<tr><td>5</td><td>在本次工作任务中，我的综合表现是</td><td colspan="3">★★★★★
★★★★
★★★</td></tr>
<tr><td colspan="6">我对老师本次教学的改进意见是：</td></tr>
<tr><td colspan="2">学生姓名</td><td colspan="2"></td><td>班级</td><td></td></tr>
</table>

实训任务七 单轴压缩变形试验

1 学生工作任务单

<table>
<tr><td colspan="2">实训情景三</td><td>岩石试验</td><td>日期</td><td></td></tr>
<tr><td colspan="2">实训任务七</td><td>单轴压缩变形试验</td><td>学时</td><td>4</td></tr>
<tr><td colspan="2">工作任务</td><td colspan="3">采用电阻应变片法或位移计法进行指定岩石单轴压缩变形试验</td></tr>
<tr><td colspan="2">知识充电站</td><td colspan="3">岩石单轴压缩变形试验微课
码 3-19</td></tr>
<tr><td rowspan="3">学习目标</td><td>素质目标</td><td colspan="3">1. 实训前必须熟悉实训作业手册。
2. 按时、按步骤完成当天的实训任务。
3. 实训室应保持肃静,组员间沟通讨论应低声交流,不得谈笑喧哗,不许搞其他动作,以免影响他人实训。
4. 实训过程中,不得抄写他人的实训记录;否则,须重做。如有疑问,应向指导教师询问清楚后方可进行。
5. 每天安排值日生负责打扫实训室,保持室内整洁,注意关闭电源、门窗</td></tr>
<tr><td>知识目标</td><td colspan="3">1. 理解岩石单轴压缩变形试验的定义及试验原理。
2. 掌握岩石单轴压缩变形试验试件的制作及试件描述。
3. 掌握岩石单轴压缩变形试验步骤。
4. 掌握岩石单轴压缩变形试验成果整理。
5. 掌握岩石单轴压缩变形试验表格的填写。
6. 理解岩石单轴压缩变形试验过程中的注意事项</td></tr>
<tr><td>能力目标</td><td colspan="3">1. 能够制出符合试验条件的试验试件并进行试件描述
2. 能够熟练使用试验设备。
3. 能够熟练掌握试验原理及试验步骤。
4. 能够进行试验结果计算并填写试验表格。
5. 能够完成对试验结果的判定</td></tr>
<tr><td colspan="2">工作流程</td><td colspan="3">现场岩块取样→包装封蜡送回实验室→加工、描述试件→测试岩石单轴压缩变形→成果整理,填写表格</td></tr>
<tr><td colspan="2">参考资料</td><td colspan="3">1.《工程岩体试验方法标准》(GB/T 50266—2013)。
2.《水利水电工程岩石试验规程》(SL/T 264—2020)</td></tr>
</table>

2 学习引导单

实训情景三	岩石试验	日期	
实训任务七	单轴压缩变形试验	学时	4
仪器设备	岩石钻芯机、岩石切割机、岩石磨石机、材料试验机、游标卡尺、烘箱、天平、万用电表、兆欧表、静态电阻应变仪、称量盒等		
技能充电站	单轴压缩变形试验视频 码 3-20		

序号	工作步骤		主要仪器设备	备注
1	试件制备	1. 试件可用岩芯或岩块加工制成，在采取、运输和制备过程中应避免扰动。 2. 试件尺寸应符合下列规定： (1)试件应采用标准试件，对于非均质粗粒岩石或非标准钻孔岩芯，可采用非标准试件。 (2)标准试件可用钻孔岩芯或坑探槽中采取岩块加工制成。试件直径宜为 48~54 mm，且应大于岩石最大颗粒粒径的 10 倍。试件高度与直径之比应为 2.0~2.5。试件在采取、运输和制备过程中应避免扰动。 (3)对于非标准试件，试件高径比不宜小于 2.0。 (4)对于遇水崩解、溶解和干缩湿胀的岩石，应采用干法制备试件。 3. 试件加工精度应符合下列规定： (1)试件高度、直径或边长的允许偏差为±0.3 mm。 (2)试件两端面的不平行度允许偏差为±0.05 mm。 (3)端面应垂直于试件轴线，允许偏差为±0.25°。 4. 试件含水状态可根据需要选择天然含水状态、烘干状态和饱和状态。 (1)试件烘干应符合下列规定： ①将试件放入烘箱，在 105~110 ℃的恒温下烘干，烘干时间不应少于 24 h。 ②将试件从烘箱中取出，放入干燥器内冷却至室温，称量试件质量。 ③重复本条步骤 2、3，直到相邻两次称量之差不超过后一次称量的 0.1%。 (2)采用自由吸水法测定岩石自然吸水率时，应将试件放入水槽，先注水至试件高度的 1/4 处，以后每隔 2 h 分别注水至试件高度的 1/2 处和 3/4 处，6 h 后全部浸没试件。试件全部浸入在水中自由吸水 48 h 后，取出试件拭干表面水分并称量。	 岩石切割机  岩石钻芯机  岩石磨石机	

1	试件制备	(3)对自由吸水后的试件应强制饱和,并应符合下列规定: ①采用煮沸法饱和试件时,煮沸容器内的水面应始终高于试件,煮沸时间不得少于 6 h。经煮沸的试件应放置在原容器中冷却至室温,取出试件拭干表面水分并称量。 ②采用真空抽气法饱和试件时,饱和试件容器内的水面应高于试件,真空压力表读数宜为试验所在地大气压值,直至无气泡逸出,且抽气时间不得少于 4 h。经真空抽气的试件应放置在原容器中,在大气压力下静置 4 h,取出试件拭干表面的水分并称量。 5. 同一含水状态、同一加压方向下每组试件数量不应少于 3 个	 烘箱 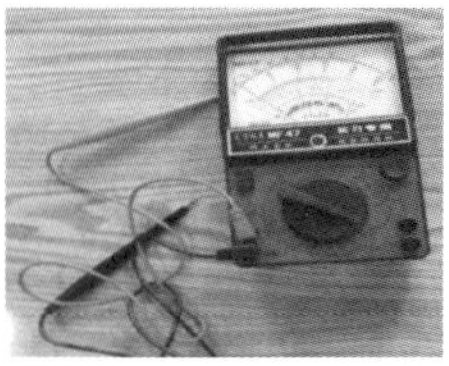 万用电表、兆欧表	
2	试件描述	1. 岩石名称、颜色、矿物成分、风化程度。 2. 试件的层理、节理、裂隙及其与加载方向的关系。 3. 含水状态。 4. 试件加工过程中出现的问题。 5. 贴片位置或位移计触点部位		
3	试验步骤	1. 加载方法和稳定标准规定: (1)加载方法宜采用逐级一次连续加载法,根据需要可采用逐级一次循环法或逐级多次循环法,每次循环应退载至 0.2~0.5 kN 的接触载荷。 (2)最大循环载荷为预估极限载荷的 50%,宜等分五级施加,至最大循环载荷后再逐级加载直至破坏。 (3)加载采用时间控制,施加一级载荷后立即读数,1 min 后再读数一次,即可施加下一级载荷。 2. 电阻应变片法试验步骤: (1)选择电阻应变片。应变片栅长应大于岩石矿物最大颗粒粒径的 10 倍,并应小于试件半径。同一组试件的工作片与温度补偿片的规格和灵敏系数应相同,电阻值允许偏差为±0.1 Ω。 (2)在试件中部选定互相垂直的两对面,以相对面为一组,分别为贴轴向、径向应变片的位置,贴片位置应避开裂隙或斑晶。在互相垂直且与纵轴成 45°的方向上用零号砂纸将贴片位置打磨,并用酒精或丙酮擦洗干净。 (3)在贴片位置均匀涂抹一层防潮底胶,厚度不应大于 0.1 mm,范围宜为 20 mm×30 mm。		

3	试验步骤	(4)应变片应牢固地贴在试件上，轴向、径向电阻应变片的数量均不应少于 2 片。 (5)焊接导线，在应变片表面涂抹一层防潮胶液，厚宜为 2 mm。系统绝缘电阻值应大于 200 MΩ。宜采用半桥连接方式把应变片连接到静态电阻应变仪上。 (6)将试件置于试验机承压板中心，上、下承压板与试件之间放置与试件相同直径的刚性垫块，垫块厚度与直径之比不应小于 0.5。 (7)调整球形座，使刚性垫块与试验机上、下承压板均匀接触，受力对中。在试件调平过程中，接触载荷内相对两轴向应变值两次读数之差不得大于 1 倍。 (8)按规定的加载方式和载荷分级，以 0.2~1.0 MPa/s 的速率加载，逐级测读载荷与应变值，直至试件破坏。测值不宜少于 10 组。 3. 位移计法试验步骤： (1)采用位移计法测量岩石试件变形时，测量轴向变形和径向变形的位移计均不宜少于 2 支。 (2)对于变形较小的坚硬岩和较坚硬岩，可先将位移计安装在专用夹具上，再把夹具卡在试件上，直接测量试件中部的轴向、径向变形。对于变形较大的软岩和极软岩，可将位移计安装在磁性表架上，磁性表架安装在试验机的下承压板上，轴向位移计触点与上承压板边缘接触，径向位移计触点直接与试件接触，测读初始读数。 (3)两对相互垂直的轴向和径向位移计应分别安装在试件直径的对称位置上。 (4)将试件置于试验机承压板中心，上、下承压板与试件之间放置与试件相同直径的刚性垫块，垫块厚度与直径之比不应小于 0.5。 (5)调整球形座，使刚性垫块与试验机上、下承压板均匀接触，受力对中。在试件调平过程中，接触载荷内相对两轴向应变值两次读数之差不得大于 1 倍。 (6)按规定的加载方式和载荷分级，以 0.2~1.0 MPa/s 的速率加载，逐级测读载荷与应变值，直至试件破坏。测值不宜少于 10 组。 (7)记录加载过程及破坏时出现的现象，描述破坏后的试件	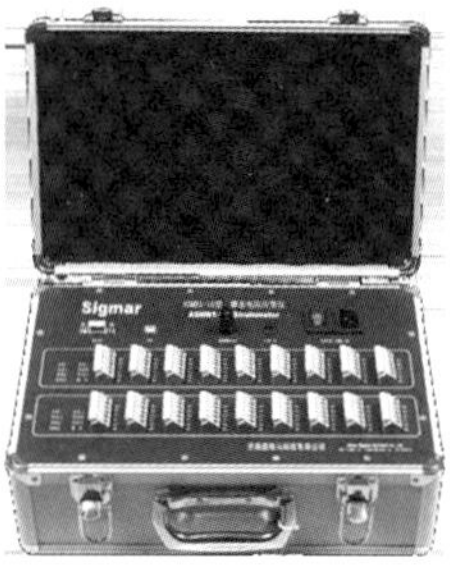 静态电阻应变仪 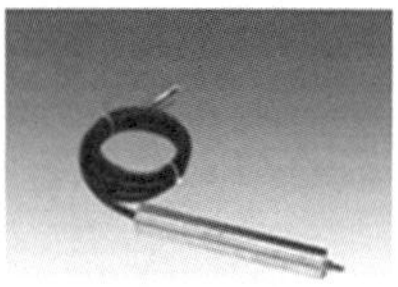 电阻应变片或位移计 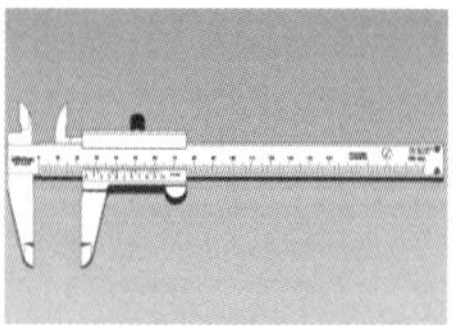 游标卡尺 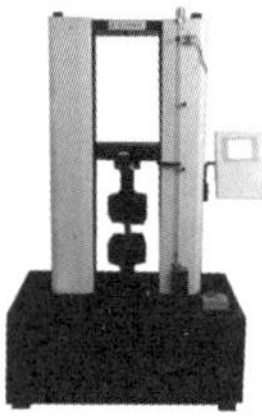 材料试验机	

4	结果计算	1. 各级应力按下式计算： $$\sigma = \frac{P}{A}$$ 式中　σ——应力，MPa； P——载荷，N； A——试件截面面积，mm^2。 2. 位移计法的轴向应变值、径向应变值分别按下式计算： $$\varepsilon_h = \frac{\Delta L}{L}$$ $$\varepsilon_d = \frac{\Delta D}{D}$$ 式中　ε_h——轴向应变； ε_d——径向应变； ΔL——轴向变形平均值，mm； ΔD——与 ΔL 同载荷下径向变形平均值，mm； L——轴向测量标距或试件高度，mm； D——试件直径，mm。 3. 绘制应力 σ 与应变 ε 关系曲线。 4. 弹性模量、变形模量和泊松比分别按下式计算： $$E_e = \frac{\sigma_b - \sigma_a}{\varepsilon_{hb} - \varepsilon_{ha}}$$ $$E_{50} = \frac{\sigma_{50}}{\varepsilon_{h50}}$$ $$\mu_e = \frac{\varepsilon_{db} - \varepsilon_{da}}{\varepsilon_{hb} - \varepsilon_{ha}}$$ $$\mu_{50} = \frac{\varepsilon_{d50}}{\varepsilon_{h50}}$$ 式中　E_e——岩石弹性模量，MPa； E_{50}——岩石变性模量，即割线模量，MPa； μ_e——岩石弹性泊松比； μ_{50}——与 ε_{d50} 和 ε_{h50} 相应的泊松比； σ_a——应力与轴向应变关系曲线上直线段起始点的应力值，MPa； σ_b——应力与轴向应变关系曲线上直线段终点的应力值，MPa； ε_{ha}——应力为 σ_a 时的轴向应变值； ε_{hb}——应力为 σ_b 时的轴向应变值； ε_{da}——应力为 σ_a 时的径向应变值； ε_{db}——应力为 σ_b 时的径向应变值； σ_{50}——抗压强度 50%时的应力值，MPa； ε_{h50}——应力为 50%时的轴向应变值； ε_{d50}——应力为 50%时的径向应变值。 5. 岩石应力、弹性模量和变形模量值取 3 位有效数字，泊松比计算值精确至 0.01		

5	试验记录	包括工程名称、岩石名称、取样位置、试件编号、试件描述、试件尺寸、试验方法、载荷、轴径向应变值或位移计读数、试验人员、试验日期
注意事项		1. 加荷速度对岩石抗压强度的影响。 2. 注意烘干至恒量的标准判断。 3. 注意加荷方式为一次性连续加荷，读数为不少于 10 个，以便绘制纵向和横向的应力-应变关系曲线
思考与练习		1. 岩石单轴压缩变形试验试样的形状和尺寸的要求是什么？ 2. 如何选取岩石单轴压缩变形试验方法？ 3. 岩石单轴压缩变形试验成果整理的注意事项是什么？

3　试验成果单

实训情景三	岩石试验	日期	
实训任务七	单轴压缩变形试验	学时	4
工程实例	×××工程岩石单轴压缩变形试验检测样表 码 3-21		
小组成员		班级 第(　　)组	
试验记录计算表	见下表		

岩石单轴压缩变形试验检测记录表

工程部位/用途		委托/任务编号	
试验依据		样品编号	
样品描述		样品名称	
试验条件		试验日期	
试验仪器设备及编号			

	底面直径/mm	顶面直径/mm	试件高/mm	平均直径/mm	破坏荷载/N	抗压强度/MPa	平均值/MPa
岩石单轴抗压强度/MPa							

编号	荷载/kN											
1	轴向应力/MPa											
	纵向应变											
	横向应变											
2	轴向应力/MPa											
	纵向应变											
	横向应变											
3	轴向应力/MPa											
	纵向应变											
	横向应变											

<table>
<tr><td>试验记录计算表</td><td>
<table>
<tr><td rowspan="2">编号</td><td colspan="2">弹性模量/MPa</td><td colspan="2">变形模量/MPa</td><td colspan="2">泊松比μ</td></tr>
<tr><td>单值</td><td>均值</td><td>单值</td><td>均值</td><td>单值</td><td>均值</td></tr>
<tr><td>1</td><td></td><td rowspan="3"></td><td></td><td rowspan="3"></td><td></td><td rowspan="3"></td></tr>
<tr><td>2</td><td></td><td></td><td></td></tr>
<tr><td>3</td><td></td><td></td><td></td></tr>
<tr><td colspan="2">备注</td><td colspan="5"></td></tr>
</table>
</td></tr>
<tr><td>试验绘图</td><td></td></tr>
<tr><td>试验结论</td><td></td></tr>
</table>

4　任务评价单

<table>
<tr><td>实训情景三</td><td colspan="3">岩石试验</td><td>日期</td><td></td></tr>
<tr><td>实训任务七</td><td colspan="3">单轴压缩变形试验</td><td>学时</td><td>4</td></tr>
<tr><td>评价对象</td><td>评价项目</td><td>评价分值</td><td>评价得分</td><td colspan="2">评分依据</td></tr>
<tr><td rowspan="5">自我评价
(____分)</td><td>完成情况</td><td>20</td><td></td><td colspan="2">按要求完成实训任务</td></tr>
<tr><td>仪器使用</td><td>20</td><td></td><td colspan="2">正确规范操作仪器、爱护仪器</td></tr>
<tr><td>精度速度</td><td>30</td><td></td><td colspan="2">成果满足要求、精益求精、按时完成</td></tr>
<tr><td>实训纪律</td><td>10</td><td></td><td colspan="2">按时实训、遵守课堂纪律</td></tr>
<tr><td>团结合作</td><td>20</td><td></td><td colspan="2">服从安排、能配合其他组员工作</td></tr>
<tr><td rowspan="4">小组评价
(____分)</td><td>实训纪律</td><td>20</td><td></td><td colspan="2">不迟到、不早退</td></tr>
<tr><td>安全操作</td><td>20</td><td></td><td colspan="2">安全操作仪器、仪器未损坏</td></tr>
<tr><td>工作态度</td><td>20</td><td></td><td colspan="2">学习积极主动、有责任心</td></tr>
<tr><td>团队精神</td><td>40</td><td></td><td colspan="2">接受工作分配、有效沟通、主动帮助</td></tr>
<tr><td rowspan="6">教师评价
(____分)</td><td>操作程序</td><td>20</td><td></td><td colspan="2">操作程序正确、动作规范</td></tr>
<tr><td>操作速度</td><td>20</td><td></td><td colspan="2">操作速度快、按时完成实训任务</td></tr>
<tr><td>操作精度</td><td>20</td><td></td><td colspan="2">成果满足规范要求</td></tr>
<tr><td>数据记录</td><td>10</td><td></td><td colspan="2">记录规范完整，无转抄、涂改、抄袭现象</td></tr>
<tr><td>团结合作</td><td>20</td><td></td><td colspan="2">服从组长安排、能配合其他组员工作</td></tr>
<tr><td>实训纪律</td><td>10</td><td></td><td colspan="2">按时实训、遵守课堂纪律</td></tr>
<tr><td>最终得分</td><td colspan="5"></td></tr>
<tr><td>学生姓名</td><td colspan="2"></td><td>第(　　)组</td><td>组长签字</td><td></td></tr>
<tr><td>班　　级</td><td colspan="3"></td><td>教师签字</td><td></td></tr>
<tr><td>教师评语</td><td colspan="5"></td></tr>
</table>

5 教学反馈单

<table>
<tr><td colspan="2">实训情景三</td><td>岩石试验</td><td>日期</td><td></td></tr>
<tr><td colspan="2">实训任务七</td><td>单轴压缩变形试验</td><td>学时</td><td>4</td></tr>
<tr><td rowspan="5">学生
学习
反馈</td><td>1</td><td>我学到的知识点有</td><td colspan="2"></td></tr>
<tr><td>2</td><td>我掌握的技能点有</td><td colspan="2"></td></tr>
<tr><td>3</td><td>我不理解的地方有</td><td colspan="2"></td></tr>
<tr><td>4</td><td>我认为还需要深入学习和提高的地方有</td><td colspan="2"></td></tr>
<tr><td>5</td><td>在本次工作任务中,我的综合表现是</td><td colspan="2">☆☆☆☆☆
☆☆☆☆
☆☆☆</td></tr>
<tr><td colspan="5">我对老师本次教学的改进意见是:</td></tr>
<tr><td colspan="2">学生姓名</td><td></td><td>班级</td><td></td></tr>
</table>

实训任务八 三轴压缩强度试验

1 学生工作任务单

<table>
<tr><td colspan="2">实训情景三</td><td>岩石试验</td><td>日期</td><td></td></tr>
<tr><td colspan="2">实训任务八</td><td>三轴压缩强度试验</td><td>学时</td><td>4</td></tr>
<tr><td colspan="2">工作任务</td><td colspan="3">采用等侧向压力测定岩石三轴压缩强度</td></tr>
<tr><td colspan="2">知识充电站</td><td colspan="3">岩石三轴压缩强度试验微课
码 3-22</td></tr>
<tr><td rowspan="3">学习目标</td><td>素质目标</td><td colspan="3">1. 实训前必须熟悉实训作业手册。
2. 按时、按步骤完成当天的实训任务。
3. 实训室应保持肃静，组员间沟通讨论应低声交流，不得谈笑喧哗，不许搞其他动作，以免影响他人实训。
4. 实训过程中，不得抄写他人的实训记录；否则，须重做。如有疑问，应向指导教师询问清楚后方可进行。
5. 每天安排值日生负责打扫实训室，保持室内整洁，注意关闭电源、门窗</td></tr>
<tr><td>知识目标</td><td colspan="3">1. 理解岩石三轴压缩强度试验的定义及试验原理。
2. 掌握岩石三轴压缩强度试验试件的制作及试件描述。
3. 掌握岩石三轴压缩强度试验步骤。
4. 掌握岩石三轴压缩强度试验成果整理。
5. 掌握岩石三轴压缩强度试验表格的填写。
6. 理解岩石三轴压缩强度试验过程中的注意事项</td></tr>
<tr><td>能力目标</td><td colspan="3">1. 能够制出符合试验条件的试验试件并进行试件描述。
2. 能够熟练使用试验设备。
3. 能够熟练掌握试验原理及试验步骤。
4. 能够进行试验结果计算并填写试验表格。
5. 能够完成对试验结果的判定</td></tr>
<tr><td colspan="2">工作流程</td><td colspan="3">现场岩块取样→包装封蜡送回实验室→加工、描述试件→测试岩石三轴压缩强度→成果整理，填写表格</td></tr>
<tr><td colspan="2">参考资料</td><td colspan="3">1.《工程岩体试验方法标准》（GB/T 50266—2013）。
2.《水利水电工程岩石试验规程》（SL/T 264—2020）</td></tr>
</table>

2　学习引导单

实训情景三	岩石试验	日期	
实训任务八	三轴压缩强度试验	学时	4
仪器设备	岩石钻芯机、岩石切割机、岩石磨石机、游标卡尺、三轴试验机等		
技能充电站	岩石三轴压缩强度试验视频 码 3-23		

序号	工作步骤		主要仪器设备	备注
1	试件制备	1. 试件应采用标准试件，对于非均质粗粒岩石或非标准钻孔岩芯，可采用非标准试件。 2. 标准试件可用钻孔岩芯或坑探槽中采取岩块加工制成。试件直径宜为 48～54 mm，且应大于岩石最大颗粒粒径的 10 倍。试件高度与直径之比应为 2.0～2.5。试件在采取、运输和制备过程中应避免扰动。 3. 对于非标准试件，试件高径比不宜小于 2.0。 4. 对于遇水崩解、溶解和干缩湿胀的岩石，应采用干法制备试件。 5. 试件高度、直径或边长的允许偏差为 ±0.3 mm。 6. 试件两端面的不平行度允许偏差为 ±0.05 mm。 7. 端面应垂直于试件轴线，允许偏差为 ±0.25°。 8. 同一含水状态下每组试件的数量不应少于 5 个，高应力条件下每组试件的数量不应少于 10 个	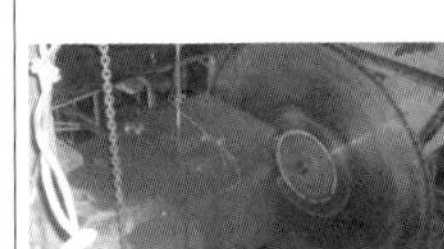 岩石切割机  岩石钻芯机  岩石磨石机	
2	试件描述	1. 岩石名称、颜色、矿物成分、风化程度。 2. 试件的层理、节理、裂隙及其与加载方向的关系。 3. 含水状态。 4. 试件加工过程中出现的问题		

3	试验步骤	1. 试件应采取防油措施,先在试件表面涂抹防油胶液薄层,胶液凝固后套上耐油薄橡皮套或塑胶套。 2. 试件安装应满足三轴试验机要求,并排出压力室内的空气。 3. 先以 0.05 MPa/s 的加载速率同步施加侧向压力和轴向压力至预定的侧压力值,并保持侧压力在试验过程中始终不变。 4. 以 0.2~1.0 MPa/s 的加载速率施加轴向载荷直至试件破坏,记录试验全过程的轴向载荷和变形值。采用人工读数时,测值不宜少于 10 组。 5. 描述破坏后的试件。当有完整破裂面时,应测量破裂面与试件轴线之间的夹角	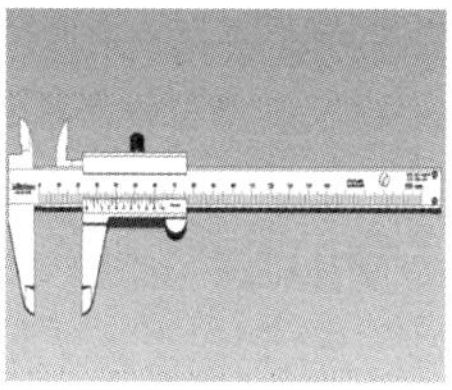 游标卡尺 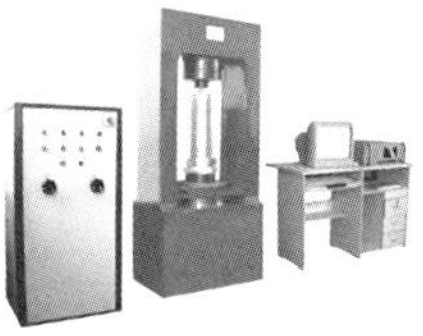 三轴试验机	
4	结果计算	1. 不同侧压条件下岩石三轴压缩强度和应变值按下式计算: $\sigma_1 = \frac{P}{A}$ $\varepsilon_{hu} = \frac{U_{hs}}{L}$ $\varepsilon_{du} = \frac{U_{ds}}{D}$ 式中　σ_1——轴向应力,MPa; ε_{hu}——轴向应变; ε_{du}——径向应变; P——轴向破坏载荷,N; A——试件截面面积,mm^2; L——轴向测量标距,mm; U_{hs}——试件轴向压缩变形量,mm; U_{ds}——试件径向变形量,mm; D——试件直径,mm。 2. 根据轴向应力 σ_1 及相应的侧向应力 σ_3,在 $\sigma_1 \sim \sigma_3$ 坐标内用最小二乘法拟合关系曲线,在关系曲线上选定若干组对应值,在剪应力 τ 与正应力 σ 坐标图上以 $\frac{\sigma_1+\sigma_3}{2}$ 为圆心、$\frac{\sigma_1-\sigma_3}{2}$ 为半径绘制莫尔应力圆,根据莫尔-库仑强度理论确定三轴应力状态下岩石的抗剪强度参数值。		

4	结果计算	3. 绘制轴向与侧向应力差$(\sigma_1-\sigma_3)$与轴向应变ε_{hu}关系曲线、轴向与侧向应力差$(\sigma_1-\sigma_3)$与径向应变ε_{du}关系曲线。根据需要，可分别计算弹性模量、泊松比等三轴压缩变形参数。 4. 高应力条件下的三轴压缩强度参数宜采用莫尔-库仑强度准则按2~3段分段拟合确定		
5	试验记录	包括工程名称、岩石名称、取样地点、试件编号、试件描述、试件尺寸、侧向压力、轴向载荷、轴向变形、径向变形、试验人员、试验日期		
注意事项		1. 为了测得准确的岩石三轴压缩强度指标，注意采样方法，并在采样后立即包装封蜡密封好，尽快送实验室测试。 2. 注意烘干至恒量的标准判断		
思考与练习		1. 岩石三轴压缩强度试验试件的制作及试件描述的要求是什么？ 2. 岩石三轴压缩强度试验步骤的要点是什么？ 3. 岩石三轴压缩强度试验成果整理的注意事项是什么？		

3　试验成果单

实训情景三	岩石试验	日期	
实训任务八	三轴压缩强度试验	学时	4
工程实例	×××工程岩石三轴压缩强度试验检测样表 码 3-24		
小组成员		班级 第(　　)组	
试验记录计算表	岩石三轴压缩强度指标试验检测记录表（见下表）		

岩石三轴压缩强度指标试验检测记录表

工程部位/用途				委托/任务编号		
试验依据				样品编号		
样品描述				样品名称		
试验条件				试验日期		
试验仪器设备及编号						

4　任务评价单

<table>
<tr><td>实训情景三</td><td colspan="3">岩石试验</td><td>日期</td><td></td></tr>
<tr><td>实训任务八</td><td colspan="3">三轴压缩强度试验</td><td>学时</td><td>4</td></tr>
<tr><td>评价对象</td><td>评价项目</td><td>评价分值</td><td>评价得分</td><td colspan="2">评分依据</td></tr>
<tr><td rowspan="5">自我评价
(____分)</td><td>完成情况</td><td>20</td><td></td><td colspan="2">按要求完成实训任务</td></tr>
<tr><td>仪器使用</td><td>20</td><td></td><td colspan="2">正确规范操作仪器、爱护仪器</td></tr>
<tr><td>精度速度</td><td>30</td><td></td><td colspan="2">成果满足要求、精益求精、按时完成</td></tr>
<tr><td>实训纪律</td><td>10</td><td></td><td colspan="2">按时实训、遵守课堂纪律</td></tr>
<tr><td>团结合作</td><td>20</td><td></td><td colspan="2">服从安排、能配合其他组员工作</td></tr>
<tr><td rowspan="4">小组评价
(____分)</td><td>实训纪律</td><td>20</td><td></td><td colspan="2">不迟到、不早退</td></tr>
<tr><td>安全操作</td><td>20</td><td></td><td colspan="2">安全操作仪器、仪器未损坏</td></tr>
<tr><td>工作态度</td><td>20</td><td></td><td colspan="2">学习积极主动、有责任心</td></tr>
<tr><td>团队精神</td><td>40</td><td></td><td colspan="2">接受工作分配、有效沟通、主动帮助</td></tr>
<tr><td rowspan="6">教师评价
(____分)</td><td>操作程序</td><td>20</td><td></td><td colspan="2">操作程序正确、动作规范</td></tr>
<tr><td>操作速度</td><td>20</td><td></td><td colspan="2">操作速度快、按时完成实训任务</td></tr>
<tr><td>操作精度</td><td>20</td><td></td><td colspan="2">成果满足规范要求</td></tr>
<tr><td>数据记录</td><td>10</td><td></td><td colspan="2">记录规范完整，无转抄、涂改、抄袭现象</td></tr>
<tr><td>团结合作</td><td>20</td><td></td><td colspan="2">服从组长安排、能配合其他组员工作</td></tr>
<tr><td>实训纪律</td><td>10</td><td></td><td colspan="2">按时实训、遵守课堂纪律</td></tr>
<tr><td>最终得分</td><td colspan="5"></td></tr>
<tr><td>学生姓名</td><td colspan="2"></td><td>第(　　)组</td><td>组长签字</td><td></td></tr>
<tr><td>班　　级</td><td colspan="3"></td><td>教师签字</td><td></td></tr>
<tr><td>教师评语</td><td colspan="5"></td></tr>
</table>

5　教学反馈单

<table>
<tr><td colspan="2">实训情景三</td><td colspan="2">岩石试验</td><td>日期</td><td></td></tr>
<tr><td colspan="2">实训任务八</td><td colspan="2">三轴压缩强度试验</td><td>学时</td><td>4</td></tr>
<tr><td rowspan="5">学生学习反馈</td><td>1</td><td>我学到的知识点有</td><td colspan="3"></td></tr>
<tr><td>2</td><td>我掌握的技能点有</td><td colspan="3"></td></tr>
<tr><td>3</td><td>我不理解的地方有</td><td colspan="3"></td></tr>
<tr><td>4</td><td>我认为还需要深入学习和提高的地方有</td><td colspan="3"></td></tr>
<tr><td>5</td><td>在本次工作任务中,我的综合表现是</td><td colspan="3">☆☆☆☆☆____
☆☆☆☆____
☆☆☆____</td></tr>
<tr><td colspan="6">我对老师本次教学的改进意见是:</td></tr>
<tr><td colspan="2">学生姓名</td><td colspan="2"></td><td>班级</td><td></td></tr>
</table>

实训任务九　直剪强度试验

1　学生工作任务单

<table>
<tr><td>实训情景三</td><td>岩石试验</td><td>日期</td><td></td></tr>
<tr><td>实训任务九</td><td>直剪强度试验</td><td>学时</td><td>4</td></tr>
<tr><td>工作任务</td><td colspan="3">采用平推法测定指定岩石直剪强度</td></tr>
<tr><td>知识充电站</td><td colspan="3">岩石直剪强度试验微课
码 3-25</td></tr>
<tr><td rowspan="3">学习目标</td><td>素质目标</td><td colspan="2">1. 实训前必须熟悉实训作业手册。
2. 按时、按步骤完成当天的实训任务。
3. 实训室应保持肃静，组员间沟通讨论应低声交流，不得谈笑喧哗，不许搞其他动作，以免影响他人实训。
4. 实训过程中，不得抄写他人的实训记录；否则，须重做。如有疑问，应向指导教师询问清楚后方可进行。
5. 每天安排值日生负责打扫实训室，保持室内整洁，注意关闭电源、门窗</td></tr>
<tr><td>知识目标</td><td colspan="2">1. 理解岩石直剪强度试验的定义及试验原理。
2. 掌握岩石直剪强度试验试件的制作及试件描述。
3. 掌握岩石直剪强度试验步骤。
4. 掌握岩石直剪强度试验成果整理。
5. 掌握岩石直剪强度试验表格的填写。
6. 理解岩石直剪强度试验过程中的注意事项</td></tr>
<tr><td>能力目标</td><td colspan="2">1. 能够制出符合试验条件的试验试件并进行试件描述。
2. 能够熟练使用试验设备。
3. 能够熟练掌握试验原理及试验步骤。
4. 能够进行试验结果计算并填写试验表格。
5. 能够完成对试验结果的判定</td></tr>
<tr><td>工作流程</td><td colspan="3">现场岩块取样→包装封蜡送回实验室→加工、描述试件→测试岩石直剪强度→成果整理，填写表格</td></tr>
<tr><td>参考资料</td><td colspan="3">1.《工程岩体试验方法标准》(GB/T 50266—2013)。
2.《水利水电工程岩石试验规程》(SL/T 264—2020)</td></tr>
</table>

2　学习引导单

<table>
<tr><td>实训情景三</td><td colspan="2">岩石试验</td><td>日期</td><td></td></tr>
<tr><td>实训任务九</td><td colspan="2">直剪强度试验</td><td>学时</td><td>4</td></tr>
<tr><td>仪器设备</td><td colspan="4">岩石切割机、岩石钻芯机、岩石磨石机、直剪试验仪</td></tr>
<tr><td>技能充电站</td><td colspan="4">岩石直剪强度试验视频
码 3-26</td></tr>
<tr><td>序号</td><td colspan="2">工作步骤</td><td>主要仪器设备</td><td>备注</td></tr>
<tr><td>1</td><td>试件制备</td><td>1. 试件在采取、运输和制备过程中应防止扰动和失水。
2. 岩石直剪试件的直径或边长不宜小于 50 mm，试件高度宜大于直径或边长。
3. 结构面直剪试件的边长不宜小于 150 mm，试件高度宜与边长相等，含结构面试件的结构面应位于试件的中部。
4. 混凝土与岩石接触面试件宜为正方体，边长不宜小于 150 mm。应采用钢模具或直接采用剪切盒制备，接触面应位于试件中部，起伏差宜为边长的 1%～2%。混凝土原材料和配合比应根据设计要求确定，骨料最大粒径不得大于试件边长的 1/6。
5. 在制备混凝土与岩石接触面试件的同时，应制备混凝土抗压试件 3 块。
6. 混凝土与岩石接触面的直剪试件和混凝土抗压试件应进行养护，达到规定的龄期后试验。同组试验应在同一龄期下进行。
7. 根据需要试件可采用天然含水状态或饱和状态。
8. 同一含水状态每组试件不应少于 5 个</td><td rowspan="2">
岩石切割机

岩石钻芯机
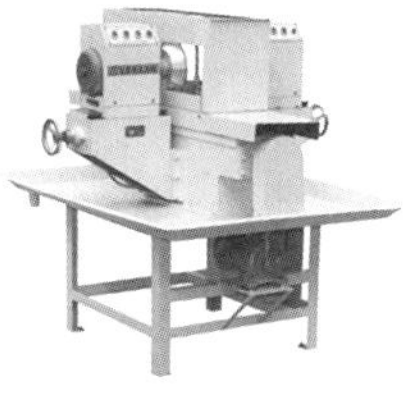
岩石磨石机

直剪试验仪</td><td></td></tr>
<tr><td>2</td><td>试件描述</td><td>1. 岩石名称、颜色、矿物成分、风化程度。
2. 层理、片理、裂隙以及与剪切方向的关系。
3. 结构面的充填物性质、充填厚度以及试件在采取和制备过程中受扰动的情况。
4. 混凝土与岩石接触面的起伏差，混凝土配合比和混凝土强度等级</td><td></td></tr>
</table>

3	试验步骤	1. 试验安装应符合下列规定： (1)将试件置于直剪试验仪的剪切盒内，用填料将试件与剪切盒内壁的间隙填实，应使试件与剪切盒成为一个整体。试件安装受剪方向宜与工程岩体受力方向一致，预定剪切面应位于剪切缝中部。 (2)法向载荷和剪切载荷的作用方向应通过预定剪切面的几何中心。法向和切向位移测表均不应少于 2 支，并应对称布置。 (3)预留剪切缝宽度应为试件剪切方向长度的 5%，或为结构面充填物的厚度。 2. 法向载荷施加应符合下列规定： (1)法向载荷最大值宜为工程压力的 1.2 倍。对于结构面中含有软弱充填物的试件，最大法向载荷应以不挤出充填物为限。 (2)各试件施加的法向载荷宜按等差级数分别施加，分级数不应少于 5 级。 (3)对于不需要固结的试件，法向载荷可一次施加完毕，立即测读法向位移，5 min 后再测读一次，即可施加剪切载荷。 (4)对于需要固结的试件，在法向载荷施加完毕后的第一个小时内，每隔 15 min 读数一次，然后每 30 min 读数一次。当每小时法向位移不超过 0.05 mm 时，可施加剪切载荷。 (5)试验过程中法向载荷应始终保持不变。 3. 剪切载荷施加应符合下列规定： (1)按预估最大剪切载荷分 10~12 级，每级载荷施加后，立即测读剪切位移和法向位移，5 min 后再测读一次，即可施加下一级剪切载荷，当剪切位移明显增大时，可适当减小级差，峰值前施加剪切载荷不宜少于 10 级。 (2)剪切破坏后，先后分别将剪切载荷和法向载荷退至零。试件复位后，调整测表，按本条步骤 1 进行同一法向载荷下的摩擦试验。		

3	试验步骤	4. 剪切破坏标准应符合下列规定之一： (1)剪切位移增量明显变大，在剪应力 τ 与剪切位移 u_s 关系曲线上出现明显突变段。 (2)总剪切位移达到试件边长的 10%。 5. 剪切破坏后剪切面的描述应包括下列内容： (1)剪切面破坏情况、擦痕分布、方向和长度。 (2)剪切面起伏差及沿剪切方向变化曲线。 (3)当结构面内有充填物时，应描述剪切面的准确位置，充填物的组成成分、性质、厚度和含水状态。根据需要可取代表性样品测定充填物物理性质和黏土矿物成分		
4	结果计算	1. 法向应力和剪应力应按下式计算： $$\sigma = \frac{P}{A}$$ $$\tau = \frac{Q}{A}$$ 式中　σ——法向应力，MPa； τ——剪应力，MPa； P——法向载荷，N； Q——剪切载荷，N； A——剪切面积，mm^2。 2. 绘制剪应力 τ 与剪切位移 u_s、剪应力 τ 与法向位移 u_n 的关系曲线，确定各剪切阶段特征点的剪应力值。 3. 根据各剪切阶段特征点的剪应力和法向应力值，点绘到坐标图上，采用最小二乘法或图解法拟合剪应力 τ 与法向应力 σ 关系曲线，并确定相应的抗剪强度参数		

5	试验记录	包括工程名称、岩石名称、取样位置、试件编号、试件描述、剪切面积、法向位移、剪切位移、试验人员、试验日期
注意事项		1. 在装填试件时用填料将试件与剪切盒内壁的间隙填实,应使试件与剪切盒成为一个整体。 2. 注意试验结束后剪切面的准确描述
思考与练习		1. 岩石直剪强度法向应力施加的要求是什么? 2. 岩石直剪强度预定应力的考虑因素有哪些? 3. 岩石直剪强度试验成果整理的注意事项有哪些?

3　试验成果单

实训情景三	岩石试验	日期	
实训任务九	直剪强度试验	学时	4
工程实例	×××工程岩石直剪强度试验检测样表 码 3-27		
小组成员		班级 第(　　)组	
试验记录 计算表	（见下表）		

岩石直剪强度指标试验检测记录表

工程部位/用途			委托/任务编号		
试验依据			样品编号		
样品描述			样品名称		
试验条件			试验日期		
试验仪器设备及编号					
试件编号	直径/cm	高度/cm	法向荷载/kN	正应力/MPa	剪应力/MPa
1					
2					
3					
4					
5					

试验绘图	
试验结论	

4　任务评价单

实训情景三	岩石试验			日期	
实训任务九	直剪强度试验			学时	4
评价对象	评价项目	评价分值	评价得分	评分依据	
自我评价（____分）	完成情况	20		按要求完成实训任务	
	仪器使用	20		正确规范操作仪器、爱护仪器	
	精度速度	30		成果满足要求、精益求精、按时完成	
	实训纪律	10		按时实训、遵守课堂纪律	
	团结合作	20		服从安排、能配合其他组员工作	
小组评价（____分）	实训纪律	20		不迟到、不早退	
	安全操作	20		安全操作仪器、仪器未损坏	
	工作态度	20		学习积极主动、有责任心	
	团队精神	40		接受工作分配、有效沟通、主动帮助	
教师评价（____分）	操作程序	20		操作程序正确、动作规范	
	操作速度	20		操作速度快、按时完成实训任务	
	操作精度	20		成果满足规范要求	
	数据记录	10		记录规范完整，无转抄、涂改、抄袭现象	
	团结合作	20		服从组长安排、能配合其他组员工作	
	实训纪律	10		按时实训、遵守课堂纪律	
最终得分					
学生姓名			第（　　）组	组长签字	
班　　级				教师签字	
教师评语					

5　教学反馈单

<table>
<tr><td colspan="2">实训情景三</td><td colspan="2">岩石试验</td><td>日期</td><td></td></tr>
<tr><td colspan="2">实训任务九</td><td colspan="2">直剪强度试验</td><td>学时</td><td>4</td></tr>
<tr><td rowspan="5">学生
学习
反馈</td><td>1</td><td>我学到的知识点有</td><td colspan="3"></td></tr>
<tr><td>2</td><td>我掌握的技能点有</td><td colspan="3"></td></tr>
<tr><td>3</td><td>我不理解的地方有</td><td colspan="3"></td></tr>
<tr><td>4</td><td>我认为还需要深入学习和提高的地方有</td><td colspan="3"></td></tr>
<tr><td>5</td><td>在本次工作任务中，我的综合表现是</td><td colspan="3">★★★★★
★★★★
★★★</td></tr>
<tr><td colspan="6">我对老师本次教学的改进意见是：</td></tr>
<tr><td colspan="2">学生姓名</td><td colspan="2"></td><td>班级</td><td></td></tr>
</table>

实训任务十　岩块声波测试

1　学生工作任务单

<table>
<tr><td colspan="2">实训情景三</td><td>岩石试验</td><td>日期</td><td></td></tr>
<tr><td colspan="2">实训任务十</td><td>岩块声波测试</td><td>学时</td><td>4</td></tr>
<tr><td colspan="2">工作任务</td><td colspan="3">进行指定岩块声波测试,适用于能制成规则试件的各类岩石</td></tr>
<tr><td colspan="2">知识充电站</td><td colspan="3">岩块声波测试微课
码 3-28</td></tr>
<tr><td rowspan="3">学习目标</td><td>素质目标</td><td colspan="3">1. 实训前必须熟悉实训作业手册。
2. 按时、按步骤完成当天的实训任务。
3. 实训室应保持肃静,组员间沟通讨论应低声交流,不得谈笑喧哗,不许搞其他动作,以免影响他人实训。
4. 实训过程中,不得抄写他人的实训记录;否则,须重做。如有疑问,应向指导教师询问清楚后方可进行。
5. 每天安排值日生负责打扫实训室,保持室内整洁,注意关闭电源、门窗</td></tr>
<tr><td>知识目标</td><td colspan="3">1. 理解岩块声波测试的定义及试验原理。
2. 掌握岩块声波测试试件的制作及试件描述。
3. 掌握岩块声波测试步骤。
4. 掌握岩块声波测试成果整理。
5. 掌握岩块声波测试表格的填写。
6. 理解岩块声波测试过程中的注意事项</td></tr>
<tr><td>能力目标</td><td colspan="3">1. 能够制出符合试验条件的试验试件并进行试件描述。
2. 能够熟练使用试验设备。
3. 能够熟练掌握试验原理及试验步骤。
4. 能够进行试验结果计算并填写试验表格。
5. 能够完成对试验结果的判定</td></tr>
<tr><td colspan="2">工作流程</td><td colspan="3">现场岩块取样→包装封蜡送回实验室→加工、描述试件→进行岩块声波测试→成果整理,填写表格</td></tr>
<tr><td colspan="2">参考资料</td><td colspan="3">1.《工程岩体试验方法标准》(GB/T 50266—2013)。
2.《水利水电工程岩石试验规程》(SL/T 264—2020)</td></tr>
</table>

2 学习引导单

实训情景三	岩石试验	日期	
实训任务十	岩块声波测试	学时	4
仪器设备	岩石钻芯机,岩石切割机,岩石磨石机,岩石声波参数测试仪,纵、横波换能器,游标卡尺,带加力装置的测试架等		
技能充电站	岩块声波测试视频 码 3-29		

序号	工作步骤		主要仪器设备	备注
1	试件制备	标准试件可用钻孔岩芯或坑探槽中采取岩块加工制成。试件直径宜为 48~54 mm,且应大于岩石最大颗粒粒径的 10 倍。试件高度与直径之比应为 2.0~2.5。试件在采取、运输和制备过程中应避免扰动	 岩石切割机  岩石钻芯机  岩石磨石机	
2	试件描述	1. 岩石名称、颜色、矿物成分和风化程度。 2. 试件中的层理、裂隙及其与测试方向间的关系。 3. 含水状态。 4. 试件尺寸		

3	试验步骤	1. 测试前应测定声波在不同长度的标准玻璃棒中的传播时间，绘制时距曲线，确定仪器系统的零延时。 2. 测定纵波速度时，应采用纵波换能器，并用凡士林或黄油做耦合剂；测定横波速度时，应采用横波换能器，并用铝箔或铜箔做耦合材料。 3. 采用直达波法(直透法)时，应将换能器布置在试件的两个端面上，换能器的中心在试件的轴线上。采用折射波法(平透法)时，应将换能器布置在试件同一侧，并用游标卡尺测量发射换能器与试件接触面的中心点到接收换能器与试件接触面的中心点之间的距离。 4. 非受力状态下，测试时应将试件置于测试架上，对发射换能器和接收换能器施加约 50 kPa 的压力，测读纵波或横波在试件中的传播时间。 5. 根据需要，可进行受力状态下的声波测试，宜与单轴压缩变形试验同时进行。测试时应采用承压式声波换能器，测定试件受力方向纵波或横波在试件中的传播时间。 6. 更换换能器时，应按本条步骤 1 规定测定仪器系统的零延时。 7. 距离测量应准确至 0.1 mm，时间测量应准确至 0.1 μs	 岩石声波参数测试仪 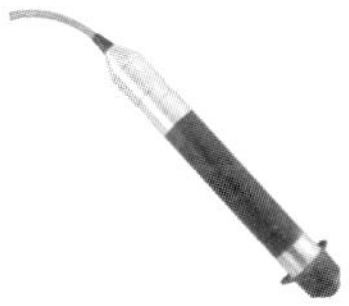 纵、横波换能器 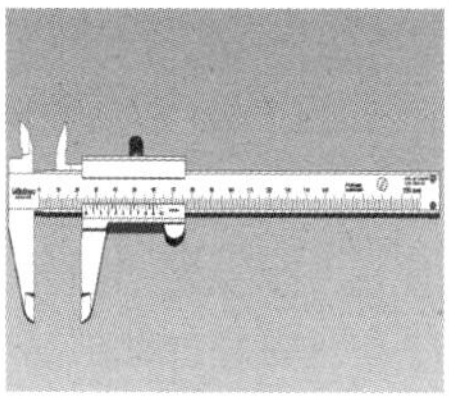 游标卡尺	
4	结果计算	1. 岩块纵波速度和横波速度按下式计算： $$V_p = \frac{L}{t_p - t_0}$$ $$V_s = \frac{L}{t_s - t_0}$$ 式中　V_p——纵波速度，m/s； V_s——横波速度，m/s； L——发射换能器与接收换能器中心点间的距离，m； t_p——纵波在试件中的传播时间，s； t_s——横波在试件中的传播时间，s； t_0——仪器系统的零延时，s。		

4	结果计算	2. 岩块动弹性参数按下式计算： $\mu_d = \dfrac{\left(\dfrac{V_p}{V_s}\right)^2 - 2}{2\left[\left(\dfrac{V_p}{V_s}\right)^2 - 1\right]}$ $E_d = \rho V_p^2 \dfrac{(1+\mu_d)(1-2\mu_d)}{1-\mu_d} \times 10^{-3}$ $E_d = 2\rho V_s^2(1+\mu_d) \times 10^{-3}$ $G_d = \rho V_s^2 \times 10^{-3}$ $\lambda_d = \rho(V_p^2 - 2V_s^2) \times 10^{-3}$ $K_d = \rho\left(\dfrac{3V_p^2 - 4V_s^2}{3}\right) \times 10^{-3}$ 式中 μ_d——动泊松比； E_d——动弹性模量，MPa； G_d——动剪切模量，MPa； λ_d——动拉梅系数，MPa； K_d——动体积模量，MPa； ρ——试件的密度，g/cm^3。 3. 在整理同组试件测试成果时，应给出每一试件的测值。 4. 计算值取 3 位有效数字		
5	试验记录	包括工程名称、岩石名称、取样部位、试件编号、试件描述、试件尺寸、测试方法、换能器间的距离、传播时间、仪器系统的零延时、测试人员、测试日期		
注意事项		1. 岩石试件制作的尺寸要求。 2. 注意换能器的选择		
思考与练习		1. 岩块声波测试试件的制作及试件描述的要求是什么？ 2. 岩块声波测试不同方法的测点布置要求是什么？ 3. 更换换能器的注意事项有哪些？		

3　试验成果单

实训情景三	岩石试验	日期	
实训任务十	岩块声波测试	学时	4
工程实例	×××工程岩块声波测试检测样表 码 3-30		
小组成员		班级 第(　　)组	
试验记录计算表	岩块声波测试检测记录表（见下表）		

岩块声波测试检测记录表

工程部位/用途		委托/任务编号	
试验依据		样品编号	
样品描述		样品名称	
试验条件		试验日期	
试验仪器设备及编号			

样品编号	含水状态	换能器间距	传播时间		纵波速度		横波速度		泊松比		备注
			t_1	t_2	单块值	平均值	单块值	平均值	单块值	平均值	

4 任务评价单

<table>
<tr><td>实训情景三</td><td colspan="3">岩石试验</td><td>日期</td><td></td></tr>
<tr><td>实训任务十</td><td colspan="3">岩块声波测试</td><td>学时</td><td>4</td></tr>
<tr><td>评价对象</td><td>评价项目</td><td>评价分值</td><td>评价得分</td><td colspan="2">评分依据</td></tr>
<tr><td rowspan="5">自我评价
（____分）</td><td>完成情况</td><td>20</td><td></td><td colspan="2">按要求完成实训任务</td></tr>
<tr><td>仪器使用</td><td>20</td><td></td><td colspan="2">正确规范操作仪器、爱护仪器</td></tr>
<tr><td>精度速度</td><td>30</td><td></td><td colspan="2">成果满足要求、精益求精、按时完成</td></tr>
<tr><td>实训纪律</td><td>10</td><td></td><td colspan="2">按时实训、遵守课堂纪律</td></tr>
<tr><td>团结合作</td><td>20</td><td></td><td colspan="2">服从安排、能配合其他组员工作</td></tr>
<tr><td rowspan="4">小组评价
（____分）</td><td>实训纪律</td><td>20</td><td></td><td colspan="2">不迟到、不早退</td></tr>
<tr><td>安全操作</td><td>20</td><td></td><td colspan="2">安全操作仪器、仪器未损坏</td></tr>
<tr><td>工作态度</td><td>20</td><td></td><td colspan="2">学习积极主动、有责任心</td></tr>
<tr><td>团队精神</td><td>40</td><td></td><td colspan="2">接受工作分配、有效沟通、主动帮助</td></tr>
<tr><td rowspan="6">教师评价
（____分）</td><td>操作程序</td><td>20</td><td></td><td colspan="2">操作程序正确、动作规范</td></tr>
<tr><td>操作速度</td><td>20</td><td></td><td colspan="2">操作速度快、按时完成实训任务</td></tr>
<tr><td>操作精度</td><td>20</td><td></td><td colspan="2">成果满足规范要求</td></tr>
<tr><td>数据记录</td><td>10</td><td></td><td colspan="2">记录规范完整，无转抄、涂改、抄袭现象</td></tr>
<tr><td>团结合作</td><td>20</td><td></td><td colspan="2">服从组长安排、能配合其他组员工作</td></tr>
<tr><td>实训纪律</td><td>10</td><td></td><td colspan="2">按时实训、遵守课堂纪律</td></tr>
<tr><td>最终得分</td><td colspan="5"></td></tr>
<tr><td>学生姓名</td><td colspan="2"></td><td>第（ ）组</td><td>组长签字</td><td></td></tr>
<tr><td>班　　级</td><td colspan="3"></td><td>教师签字</td><td></td></tr>
<tr><td>教师评语</td><td colspan="5"></td></tr>
</table>

5　教学反馈单

<table>
<tr><td colspan="2">实训情景三</td><td colspan="2">岩石试验</td><td>日期</td><td></td></tr>
<tr><td colspan="2">实训任务十</td><td colspan="2">岩块声波测试</td><td>学时</td><td>4</td></tr>
<tr><td rowspan="5">学生
学习
反馈</td><td>1</td><td>我学到的知识点有</td><td colspan="3"></td></tr>
<tr><td>2</td><td>我掌握的技能点有</td><td colspan="3"></td></tr>
<tr><td>3</td><td>我不理解的地方有</td><td colspan="3"></td></tr>
<tr><td>4</td><td>我认为还需要深入学习和提高的地方有</td><td colspan="3"></td></tr>
<tr><td>5</td><td>在本次工作任务中，我的综合表现是</td><td colspan="3">☆☆☆☆☆
☆☆☆☆
☆☆☆</td></tr>
<tr><td colspan="6">我对老师本次教学的改进意见是：</td></tr>
<tr><td colspan="2">学生姓名</td><td colspan="2"></td><td>班级</td><td></td></tr>
</table>

实训任务十一　岩体声波测试

1　学生工作任务单

<table>
<tr><td colspan="2">实训情景三</td><td>岩石试验</td><td>日期</td><td></td></tr>
<tr><td colspan="2">实训任务十一</td><td>岩体声波测试</td><td>学时</td><td>4</td></tr>
<tr><td colspan="2">工作任务</td><td colspan="3">对指定岩体进行声波测试</td></tr>
<tr><td colspan="2">知识充电站</td><td colspan="3">岩体声波测试微课
码 3-31</td></tr>
<tr><td rowspan="3">学习目标</td><td>素质目标</td><td colspan="3">1. 实训前必须熟悉实训作业手册。
2. 按时、按步骤完成当天的实训任务。
3. 实训室应保持肃静，组员间沟通讨论应低声交流，不得谈笑喧哗，不许搞其他动作，以免影响他人实训。
4. 实训过程中，不得抄写他人的实训记录；否则，须重做。如有疑问，应向指导教师询问清楚后方可进行。
5. 每天安排值日生负责打扫实训室，保持室内整洁，注意关闭电源、门窗</td></tr>
<tr><td>知识目标</td><td colspan="3">1. 理解岩体声波测试的定义及试验原理。
2. 掌握岩体声波测试试件的制作及试件描述。
3. 掌握岩体声波测试步骤。
4. 掌握岩体声波测试成果整理。
5. 掌握岩体声波测试表格的填写。
6. 理解岩体声波测试过程中的注意事项</td></tr>
<tr><td>能力目标</td><td colspan="3">1. 能够制出符合试验条件的试验试件并进行试件描述。
2. 能够熟练使用试验设备。
3. 能够熟练掌握试验原理及试验步骤。
4. 能够进行试验结果计算并填写试验表格。
5. 能够完成对试验结果的判定</td></tr>
<tr><td colspan="2">工作流程</td><td colspan="3">现场岩块取样→包装封蜡送回实验室→加工、描述试件→进行岩体声波测试→成果整理，填写表格</td></tr>
<tr><td colspan="2">参考资料</td><td colspan="3">1.《工程岩体试验方法标准》(GB/T 50266—2013)。
2.《水利水电工程岩石试验规程》(SL/T 264—2020)</td></tr>
</table>

2　学习引导单

<table>
<tr><td colspan="2">实训情景三</td><td>岩石试验</td><td>日期</td><td></td></tr>
<tr><td colspan="2">实训任务十一</td><td>岩体声波测试</td><td>学时</td><td>4</td></tr>
<tr><td colspan="2">仪器设备</td><td colspan="3">岩石声波参数测定仪、声波激发装置、换能器、供水及止水设备、钢卷尺、测绳、绞车等</td></tr>
<tr><td colspan="2">技能充电站</td><td colspan="3">岩体声波测试视频
码 3-32</td></tr>
<tr><td>序号</td><td colspan="2">工作步骤</td><td>主要仪器设备</td><td>备注</td></tr>
<tr><td>1</td><td>测试布置</td><td>1. 测区应布置在具有代表性的工程岩体部位。
2. 测线布置宜平行或垂直主要结构面或主要受力方向。
3. 测点宜布置在岩石较均匀、表面较平整的部位。
4. 采用换能器激发震源时，震源与接收点的距离不应大于 3 m；采用锤击震源时，震源与接收点的距离宜为 3～10 m；采用电火花震源时，震源与接收点的距离宜为 10～30 m。
5. 单孔声波测试发射换能器与接收换能器的距离宜为 0.3 m 或 0.5 m，测试点距离宜为 0.2 m。
6. 孔间穿透声波测试的两钻孔轴线宜在同一平面内且相互平行，测试点距离宜为 0.2～1.0 m</td><td rowspan="2">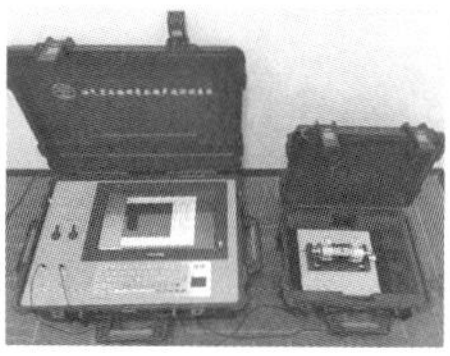
岩石声波参数测定仪
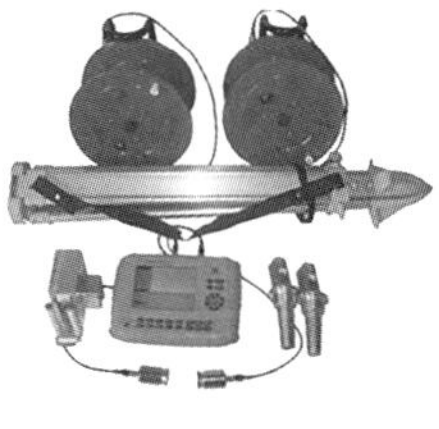
测绳、绞车</td><td></td></tr>
<tr><td>2</td><td>地质描述</td><td>1. 测区岩石名称、结构及主要矿物成分。
2. 结构面产状、宽度、充填物性状、延伸方向及其与测线的相互关系。
3. 测区地质展示图及剖面图。
4. 钻孔柱状图</td><td></td></tr>
</table>

3	试验步骤	1. 岩体表面声波测试准备应符合下列规定： (1)测点应进行编号，测点表面应修凿平整。 (2)测量震源与换能器中心的距离应准确至 0.01 m。 (3)纵波换能器与岩体应采用清水、黄油、凡士林或石膏材料进行耦合。横波换能器与岩体应采用铝箔或铜箔进行耦合。 2. 钻孔内岩体声波测试准备应符合下列规定： (1)测孔应进行编号。 (2)钻孔应冲洗干净，孔内应注满清水。 (3)单孔声波测试时，应采用一发双收换能器，并安装扶位器。 (4)孔间穿透声波测试时，换能器应安装扶位器，测量两孔口中心点的距离、钻孔的倾角和方位角，距离测量应准确至 0.01 m，角度测量应准确至 0.1°，计算不同深度处两测点间的距离。 (5)对上倾的测孔或不能储水的钻孔，应采取有效的供水、止水措施。 (6)对软岩应采用干孔换能器。 (7)测试前，可利用浅水池模拟现场测试，将换能器按间距从小至大平行移动，逐点测记初至波到达时间，绘制时距曲线，确定仪器与换能器系统的零延时。 3. 测试及稳定标准应符合下列规定： (1)设定采集参数，观察显示屏上的波形，波形稳定后，调整时标至纵波或横波初至位置，测读声波传播时间，对智能化仪器可利用自动关门装置测读声波传播时间，准确至 0.1 μs。 (2)每一测点应读数 3 次，3 次读数相对误差不应大于 3%，测点的读数应取 3 次读数的平均值。 (3)横波的初至时间可按下列方法判别： ①横波传播时间大于或等于纵波传播时间的 1.7 倍。 ②横波频率小于纵波频率。 ③横波振幅明显大于纵波振幅。 ④采用锤击震源，正向和反向锤击，横波相位改变 180°；采用换能器震源，调整发射电压极性，横波相位改变 180°。 ⑤利用横波换能器测定横波的传播时间		

4	结果计算	1. 表面声波测试和单孔声波测试时，岩体速度按下式计算： $$V_p = \frac{L}{t_{p2} - t_{p1}}$$ $$V_s = \frac{L}{t_{s2} - t_{s1}}$$ 式中　V_p——纵波速度，m/s； V_s——横波速度，m/s； L——两接收换能器中心点间的距离，m； t_{p1}、t_{p2}——第1、第2接收换能器纵波初至时间，s； t_{s1}、t_{s2}——第1、第2接收换能器横波初至时间，s。 2. 孔间穿透声波测试时，岩体波速按下式计算： $$V_p = \frac{L}{t_p - t_0}$$ $$V_s = \frac{L}{t_s - t_0}$$ 式中　V_p——纵波速度，m/s； V_s——横波速度，m/s； L——震源与接收换能器的距离，m； t_p——纵波从震源传播到接收换能器的时间，s； t_s——横波从震源传播到接收换能器的时间，s； t_0——仪器系统的零延时，s。 3. 对各向同性或近似各向同性的岩体，应按岩块声波测试中的规定计算岩体的动弹性参数。 4. 对层状岩体，垂直层面测量单一岩层时，若纵波波长大于或等于层厚的2～5倍，动弹性模量按下式计算： $$E_d = \rho V_p^2(1 - \mu_d^2) \times 10^{-3}$$ 式中　E_d——岩体动弹性模量，MPa。		

4	结果计算	5. 岩体完整性系数按下式计算： $$K_v = \left(\frac{V_{pm}}{V_{pr}}\right)^2$$ 式中 K_v——岩体完整性系数； V_{pm}——岩体纵波速度，m/s； V_{pr}——岩块纵波速度，m/s。 6. 应绘制岩体速度与孔深的关系曲线，必要时，可绘制动弹性参数、完整性系数与孔深的变化曲线。 7. 计算值取 3 位有效数字，岩体完整性系数精确至 0.01		
5	试验记录	包括工程名称、岩石名称、测点编号、测点位置、测试方法、测点布置、测点间距、传播时间、仪器系统的零延时、测试人员、测试日期		
注意事项		1. 注意测试及稳定标准的规定。 2. 横波的初至时间判别方法		
思考与练习		1. 采用换能器激发震源时，对震源与接收点的距离有何要求？ 2. 简述换能器与岩体进行耦合材料的选择。 3. 影响波速测试的主要因素有哪些？		

3　试验成果单

<table>
<tr><td>实训情景三</td><td>岩石试验</td><td>日期</td><td></td></tr>
<tr><td>实训任务十一</td><td>岩体声波测试</td><td>学时</td><td>4</td></tr>
<tr><td>工程实例</td><td colspan="3">×××工程岩体声波测试检测样表
码 3-33</td></tr>
<tr><td>小组成员</td><td></td><td>班级
第(　　)组</td><td></td></tr>
<tr><td>试验记录
计算表</td><td colspan="3">
岩体声波测试检测记录表
<table>
<tr><td colspan="4">工程部位/用途</td><td colspan="3"></td><td colspan="2">委托/任务编号</td><td></td></tr>
<tr><td colspan="4">试验依据</td><td colspan="3"></td><td colspan="2">样品编号</td><td></td></tr>
<tr><td colspan="4">样品描述</td><td colspan="3"></td><td colspan="2">样品名称</td><td></td></tr>
<tr><td colspan="4">试验条件</td><td colspan="3"></td><td colspan="2">试验日期</td><td></td></tr>
<tr><td colspan="4">试验仪器设备及编号</td><td colspan="6"></td></tr>
<tr><td rowspan="2">孔号</td><td rowspan="2">孔间
距离</td><td colspan="2">测点位置</td><td colspan="2">时间</td><td rowspan="2">平均
时间</td><td rowspan="2">波速</td><td rowspan="2">平均
波速</td><td rowspan="2">备注</td></tr>
<tr><td>降</td><td>升</td><td>降</td><td>升</td></tr>
<tr><td></td><td></td><td></td><td></td><td></td><td></td><td></td><td></td><td rowspan="3"></td><td rowspan="6"></td></tr>
<tr><td></td><td></td><td></td><td></td><td></td><td></td><td></td><td></td></tr>
<tr><td></td><td></td><td></td><td></td><td></td><td></td><td></td><td></td></tr>
<tr><td></td><td></td><td></td><td></td><td></td><td></td><td></td><td></td><td rowspan="3"></td></tr>
<tr><td></td><td></td><td></td><td></td><td></td><td></td><td></td><td></td></tr>
<tr><td></td><td></td><td></td><td></td><td></td><td></td><td></td><td></td></tr>
</table>
</td></tr>
</table>

试验绘图	
试验结论	

4　任务评价单

<table>
<tr><td>实训情景三</td><td colspan="3">岩石试验</td><td>日期</td><td></td></tr>
<tr><td>实训任务十一</td><td colspan="3">岩体声波测试</td><td>学时</td><td>4</td></tr>
<tr><td>评价对象</td><td>评价项目</td><td>评价分值</td><td>评价得分</td><td colspan="2">评分依据</td></tr>
<tr><td rowspan="5">自我评价
(____分)</td><td>完成情况</td><td>20</td><td></td><td colspan="2">按要求完成实训任务</td></tr>
<tr><td>仪器使用</td><td>20</td><td></td><td colspan="2">正确规范操作仪器、爱护仪器</td></tr>
<tr><td>精度速度</td><td>30</td><td></td><td colspan="2">成果满足要求、精益求精、按时完成</td></tr>
<tr><td>实训纪律</td><td>10</td><td></td><td colspan="2">按时实训、遵守课堂纪律</td></tr>
<tr><td>团结合作</td><td>20</td><td></td><td colspan="2">服从安排、能配合其他组员工作</td></tr>
<tr><td rowspan="4">小组评价
(____分)</td><td>实训纪律</td><td>20</td><td></td><td colspan="2">不迟到、不早退</td></tr>
<tr><td>安全操作</td><td>20</td><td></td><td colspan="2">安全操作仪器、仪器未损坏</td></tr>
<tr><td>工作态度</td><td>20</td><td></td><td colspan="2">学习积极主动、有责任心</td></tr>
<tr><td>团队精神</td><td>40</td><td></td><td colspan="2">接受工作分配、有效沟通、主动帮助</td></tr>
<tr><td rowspan="6">教师评价
(____分)</td><td>操作程序</td><td>20</td><td></td><td colspan="2">操作程序正确、动作规范</td></tr>
<tr><td>操作速度</td><td>20</td><td></td><td colspan="2">操作速度快、按时完成实训任务</td></tr>
<tr><td>操作精度</td><td>20</td><td></td><td colspan="2">成果满足规范要求</td></tr>
<tr><td>数据记录</td><td>10</td><td></td><td colspan="2">记录规范完整，无转抄、涂改、抄袭现象</td></tr>
<tr><td>团结合作</td><td>20</td><td></td><td colspan="2">服从组长安排、能配合其他组员工作</td></tr>
<tr><td>实训纪律</td><td>10</td><td></td><td colspan="2">按时实训、遵守课堂纪律</td></tr>
<tr><td>最终得分</td><td colspan="5"></td></tr>
<tr><td>学生姓名</td><td colspan="2"></td><td>第(　　)组</td><td>组长签字</td><td></td></tr>
<tr><td>班　　级</td><td colspan="3"></td><td>教师签字</td><td></td></tr>
<tr><td>教师评语</td><td colspan="5"></td></tr>
</table>

5　教学反馈单

<table>
<tr><td colspan="2">实训情景三</td><td colspan="2">岩石试验</td><td>日期</td><td></td></tr>
<tr><td colspan="2">实训任务十一</td><td colspan="2">岩体声波测试</td><td>学时</td><td>4</td></tr>
<tr><td rowspan="5">学生
学习
反馈</td><td>1</td><td>我学到的知识点有</td><td colspan="3"></td></tr>
<tr><td>2</td><td>我掌握的技能点有</td><td colspan="3"></td></tr>
<tr><td>3</td><td>我不理解的地方有</td><td colspan="3"></td></tr>
<tr><td>4</td><td>我认为还需要深入学习和提高的地方有</td><td colspan="3"></td></tr>
<tr><td>5</td><td>在本次工作任务中,我的综合表现是</td><td colspan="3">★★★★★____
★★★★____
★★★____</td></tr>
<tr><td colspan="6">我对老师本次教学的改进意见是:</td></tr>
<tr><td colspan="2">学生姓名</td><td colspan="2"></td><td>班级</td><td></td></tr>
</table>

实训情景四

岩土的工程分类与简易鉴别

求木之长者，必固其根本；欲流之远者，必浚其泉源；思国之安者，必积其德义。

——唐·魏徵

实训任务一　岩土的工程分类

1　学生工作任务单

<table>
<tr><td colspan="2">实训情景四</td><td>岩土的工程分类与简易鉴别</td><td>日期</td><td></td></tr>
<tr><td colspan="2">实训任务一</td><td>岩土的工程分类</td><td>学时</td><td>2</td></tr>
<tr><td colspan="2">工作任务</td><td colspan="3">岩石的分类和鉴定、土的分类和鉴定</td></tr>
<tr><td colspan="2">知识充电站</td><td colspan="3">岩土的工程分类微课
码 4-1</td></tr>
<tr><td rowspan="3">学习目标</td><td>素质目标</td><td colspan="3">1. 具有深厚的爱国情感、国家认同感、中华民族自豪感。
2. 具有良好的职业道德和职业素养，追求精益求精的工匠精神。
3. 具有质量意识、绿色环保意识、安全意识、信息素养和创新精神。
4. 具有较强的集体意识和团队合作精神，能够进行有效的人际沟通和协作。
5. 掌握一定的学习方法，具有良好的实训习惯和自我管理能力</td></tr>
<tr><td>知识目标</td><td colspan="3">1. 熟悉岩土试验及分类相关的标准。
2. 掌握岩土工程分类的目的、原则和分类体系。
3. 理解土的物理性质、状态指标。
4. 掌握岩石及地基土的不同分类方法</td></tr>
<tr><td>能力目标</td><td colspan="3">1. 能够阐述土的物理性质指标和状态指标的定义及表达式，能根据指标判别土的性状。
2. 能正确描述土样分类依据及结论。
3. 能正确整理及分析试验数据。
4. 能够利用规范法对岩土进行工程分类、定名。
5. 具有编制试验报告的能力</td></tr>
<tr><td colspan="2">工作流程</td><td colspan="3">了解岩土工程分类的目的、原则和分类体系→现场岩土取样送回实验室→观察岩土的结构和构造特征→分析岩石强度、风化程度、岩体结构特征→进行岩石工程分类→分析岩土工程勘察报告→进行土的分类→成果整理，填写表格</td></tr>
<tr><td colspan="2">参考资料</td><td colspan="3">1.《岩土工程勘察规范（2009 年版）》（GB 50021—2001）。
2.《建筑地基基础设计规范》（GB 50007—2011）。
3.《土的工程分类标准》（GB/T 50145—2007）</td></tr>
</table>

2　学习引导单

<table>
<tr><td>实训情景四</td><td colspan="3">岩土的工程分类与简易鉴别</td><td>日期</td><td></td></tr>
<tr><td>实训任务一</td><td colspan="3">岩土的工程分类</td><td>学时</td><td>2</td></tr>
<tr><td>报告及资料</td><td colspan="5">《××工程岩土工程勘察报告》、《岩土工程勘察规范(2009 年版)》(GB 50021—2001)、《建筑地基基础设计规范》(GB 50007—2011)、《土的工程分类标准》(GB/T 50145—2007)</td></tr>
<tr><td>技能充电站</td><td colspan="5">岩土工程分类规范及标准的查用实训视频
码 4-2</td></tr>
<tr><td>序号</td><td colspan="2">工作步骤</td><td colspan="2">使用资料</td><td>备注</td></tr>
<tr><td>1</td><td>岩土工程分类的目的、原则和分类体系</td><td>1. 学习岩土的分类目的及原则：
(1)分类要简明，既要能综合反映土的主要工程性质，又要测定方法简单，使用方便。
(2)土的分类体系所采用的指标要在一定程度上反映不同类工程用土的不同特性。
2. 学习土的工程分类体系：
工程材料系统分类体系——《土的工程分类标准》(GB/T 50145—2007) 以及建筑工程系统分类体系——《建筑地基基础设计规范》(GB 50007—2011)，《岩土工程勘察规范(2009 年版)》(GB 50021—2001)等岩土的分类方法</td><td colspan="2">《岩土工程勘察规范(2009 年版)》(GB 50021—2001)

中华人民共和国国家标准 GB
GB 50021－2001
岩土工程勘察规范
Code for investigation of geotechnical engineering
(2009 年版)
2002－01－10 发布　2002－03－01 实施
《建筑地基基础设计规范》(GB 50007—2011)

中华人民共和国国家标准 GB
GB 50007－2011
建筑地基基础设计规范
Code for design of building foundation
2011－07－26 发布　2012－08－01 实施
《土的工程分类标准》(GB/T 50145—2007)

中华人民共和国国家标准 GB
GB/T 50145－2007
土的工程分类标准
Standard for engineering classification of soil
2007－12－24 发布　2008－06－01 实施</td><td></td></tr>
</table>

<table>
<tr>
<td>2</td>
<td>岩石的分类及鉴定</td>
<td>
1. 观察岩石的结构和构造特征，根据物质成分、结构、构造等将所鉴定岩石属于哪一大类岩石区分开。
2. 根据岩石的质量指标 RQD 判断岩石质量。
<table>
<tr><td>岩石质量指标</td><td>好</td><td>较好</td><td>较差</td><td>差</td><td>极差</td></tr>
<tr><td>RQD</td><td>>90%</td><td>75%～90%</td><td>50%～75%</td><td>25%～50%</td><td><25%</td></tr>
</table>
3. 根据岩石风化后的颜色、结构、矿物成分及物理力学性质等方面的变化判断岩石的风化程度。
4. 根据岩块的饱和单轴抗压强度 f_{rk} 定量划分岩石的坚硬程度等级。
<table>
<tr><td>坚硬程度类别</td><td>坚硬岩</td><td>较硬岩</td><td>较软岩</td><td>软岩</td><td>极软岩</td></tr>
<tr><td>饱和单轴抗压强度 f_{ck}/MPa</td><td>$f_{rk}>60$</td><td>$30< f_{rk} \leq 60$</td><td>$15< f_{rk} \leq 30$</td><td>$5< f_{rk} \leq 15$</td><td>$f_{rk} \leq 5$</td></tr>
</table>
注：当无法取得饱和单轴抗压强度数据时，可用点荷载试验强度换算，换算方法按现行国家标准《工程岩体分级标准》（GB/T 50218—2014）执行；当岩体完整程度为极破碎时，可不进行坚硬程度分类。
5. 根据岩块的完整性系数（岩体压缩波速度与岩块压缩波速度之比的平方）划分岩石的完整程度等级。
<table>
<tr><td>完整程度等级</td><td>完整</td><td>较完整</td><td>较破碎</td><td>破碎</td><td>极破碎</td></tr>
<tr><td>完整性系数</td><td>>0. 75</td><td>0. 75～0. 55</td><td>0. 55～0. 35</td><td>0. 35～0. 15</td><td><0. 15</td></tr>
</table>
6. 从岩石地质年代、地质名称、风化程度、颜色、主要矿物、结构、构造和岩石质量指标 RQD 进行岩石的描述。对沉积岩应着重描述沉积物的颗粒大小、形状、胶结物成分和胶结程度；对岩浆岩和变质岩应着重描述矿物结晶大小和结晶程度
</td>
<td>
岩石标本</td>
<td></td>
</tr>
</table>

<table>
<tr>
<td>3</td>
<td>土的分类及鉴定</td>
<td>
1. 根据工程要求选用执行分类的规范标准，不同的规范要求土的分类定名不同。
2. 根据《土的工程分类标准》(GB/T 50145—2007)进行土的分类。
<table>
<tr><td>粒组</td><td colspan="2">颗粒名称</td><td>粒径的范围 d/mm</td></tr>
<tr><td rowspan="2">巨粒</td><td colspan="2">漂石(块石)</td><td>$d>200$</td></tr>
<tr><td colspan="2">卵石(碎石)</td><td>$60<d\leq200$</td></tr>
<tr><td rowspan="6">粗粒</td><td rowspan="3">砾粒</td><td>粗砾</td><td>$20<d\leq60$</td></tr>
<tr><td>中砾</td><td>$5<d\leq20$</td></tr>
<tr><td>细砾</td><td>$2<d\leq5$</td></tr>
<tr><td rowspan="3">砂粒</td><td>粗砂</td><td>$0.5<d\leq2$</td></tr>
<tr><td>中砂</td><td>$0.25<d\leq0.5$</td></tr>
<tr><td>细砂</td><td>$0.075<d\leq0.25$</td></tr>
<tr><td rowspan="2">细粒</td><td colspan="2">粉粒</td><td>$0.005<d\leq0.075$</td></tr>
<tr><td colspan="2">黏粒</td><td>$d\leq0.005$</td></tr>
</table>
3. 根据《岩土工程勘察规范(2009年版)》(GB 50021—2001)，分析土粒的颗粒级配情况及塑性指数，对砂土土样进行分类，可分为碎石土、砂土、粉土和黏性土。
4. 对于碎石土(粒径大于2 mm的颗粒含量超过全重50%)，可进一步观察其颗粒形状，并根据其颗粒分析情况进行分类。
<table>
<tr><td>土的名称</td><td>颗粒形状</td><td>颗粒级配</td></tr>
<tr><td>漂石</td><td>圆形及亚圆形为主</td><td rowspan="2">粒径大于200 mm的颗粒含量超过全重50%</td></tr>
<tr><td>块石</td><td>棱角形为主</td></tr>
<tr><td>卵石</td><td>圆形及亚圆形为主</td><td rowspan="2">粒径大于20 mm的颗粒含量超过全重50%</td></tr>
<tr><td>碎石</td><td>棱角形为主</td></tr>
<tr><td>圆砾</td><td>圆形及亚圆形为主</td><td rowspan="2">粒径大于2 mm的颗粒含量超过全重50%</td></tr>
<tr><td>角砾</td><td>棱角形为主</td></tr>
</table>
注：定名时应根据颗粒级配由大到小以最先符合者确定。
</td>
<td></td>
<td></td>
</tr>
</table>

<table>
<tr><td>3</td><td>土的分类及鉴定</td><td>5. 对于砂土(粒径大于 2 mm 的颗粒含量不超过全重 50% 的土,且粒径大于 0.075 mm 的颗粒含量超过全重 50% 的土),可进一步根据其颗粒分析情况进行分类。
<table><tr><th>土的名称</th><th>颗粒级配</th></tr><tr><td>砾砂</td><td>粒径大于 2 mm 的颗粒含量占全重 25%~50%</td></tr><tr><td>粗砂</td><td>粒径大于 0.5 mm 的颗粒含量超过全重 50%</td></tr><tr><td>中砂</td><td>粒径大于 0.25 mm 的颗粒含量超过全重 50%</td></tr><tr><td>细砂</td><td>粒径大于 0.075 mm 的颗粒含量超过全重 85%</td></tr><tr><td>粉砂</td><td>粒径大于 0.075 mm 的颗粒含量超过全重 50%</td></tr></table>注:定名时应根据颗粒级配由大到小以最先符合者确定。
6. 将粒径大于 0.075 mm 的颗粒含量超过全重 50%,塑性指数 $I_P<10$ 的土归类于粉土。
7. 对于黏性土(粒径大于 0.075 mm 的颗粒含量不超过全重 50%,塑性指数 $I_P>10$ 的土),根据其塑性指数进一步细分。
<table><tr><th>土的名称</th><th>塑性指数</th></tr><tr><td>黏土</td><td>$I_P>17$</td></tr><tr><td>粉质黏土</td><td>$10<I_P\leq 17$</td></tr></table>注:塑性指数由相应于 76 g 圆锥体沉入土样中深度为 10 mm 测定的液限计算而得。
8. 对于特殊成因和年代的特殊土类,应结合其成因和年代特征定名(除应描述上述相应土类规定的内容外,尚应描述其特殊成分和特殊性质;如对淤泥尚需描述臭味,对填土尚需描述物质成分、堆积年代、密实度和厚度的均匀程度等)</td><td></td><td></td></tr>
<tr><td>4</td><td>试验记录</td><td colspan="3">包括项目名称、岩土名称、样本描述、分类依据、试验日期等</td></tr>
</table>

注意事项	1. 当岩石工程分类缺乏有关试验数据时，可按《岩土工程勘察规范(2009 年版)》(GB 50021—2001)附录 A 岩土分类和鉴定划分岩石的坚硬程度和岩体的完整程度。 2. 由于不同的规范对土的分类定名不同，在进行岩土工程分类时，一定要与委托方沟通确定采用的分类规范
思考与练习	1.《岩土工程勘察规范(2009 年版)》(GB 50021—2001)对岩体进行分类的步骤是什么？ 2. 土样的描述应包括哪些内容？ 3. 我国特殊性土主要有哪几种？它们各自最突出的工程地质问题是什么？

3　工作任务成果单

<table>
<tr><td>实训情景四</td><td>岩土的工程分类与简易鉴别</td><td>日期</td><td></td></tr>
<tr><td>实训任务一</td><td>岩土的工程分类</td><td>学时</td><td>2</td></tr>
<tr><td>工程实例</td><td colspan="3">×××工程岩土工程勘察报告
码 4-3</td></tr>
<tr><td>小组成员</td><td></td><td>班级
第(　　)组</td><td></td></tr>
<tr><td>工作任务
记录表</td><td colspan="3">
岩石的工程分类记录表
<table>
<tr><td>项目名称</td><td colspan="2"></td><td>试验日期</td><td></td></tr>
<tr><td>试验项目</td><td colspan="2"></td><td>样本编号</td><td></td></tr>
<tr><td>分类依据</td><td colspan="4"></td></tr>
<tr><td>岩体结构特征描述</td><td colspan="2"></td><td rowspan="7">分类
结论</td><td rowspan="7"></td></tr>
<tr><td rowspan="2">岩石强度</td><td>质量指标
(RQD)</td><td></td></tr>
<tr><td>判断结果</td><td></td></tr>
<tr><td rowspan="2">坚硬程度</td><td>饱和单轴
抗压强度 f_{rk}</td><td></td></tr>
<tr><td>判断结果</td><td></td></tr>
<tr><td rowspan="2">完整程度等级</td><td>完整性系数</td><td></td></tr>
<tr><td>判断结果</td><td></td></tr>
</table>
</td></tr>
</table>

<table>
<tr><td>工作任务记录表</td><td>

土的工程分类记录表

<table>
<tr><td>取样地点</td><td colspan="4"></td><td colspan="3">试验日期</td><td colspan="3"></td></tr>
<tr><td>试验项目</td><td colspan="4"></td><td colspan="3">评定依据</td><td colspan="3"></td></tr>
<tr><td>土样编号</td><td colspan="4"></td><td colspan="3">土样描述</td><td colspan="3"></td></tr>
<tr><td>天然含水率/%</td><td colspan="4"></td><td rowspan="2">击实</td><td colspan="2">最大干密度/(g/cm^3)</td><td colspan="3"></td></tr>
<tr><td>密度/(g/cm^3)</td><td colspan="4"></td><td colspan="2">最优含水率/%</td><td colspan="3"></td></tr>
<tr><td>筛孔尺寸</td><td><60 mm</td><td><40 mm</td><td><20 mm</td><td><10 mm</td><td><5 mm</td><td><2 mm</td><td><1 mm</td><td><0.5 mm</td><td><0.25 mm</td><td><0.075 mm</td></tr>
<tr><td>通过率/%</td><td></td><td></td><td></td><td></td><td></td><td></td><td></td><td></td><td></td><td></td></tr>
<tr><td>不均匀系数 C_u</td><td colspan="2"></td><td colspan="2">曲率系数 C_c</td><td colspan="2"></td><td colspan="2">土的定名</td><td colspan="2"></td></tr>
<tr><td rowspan="3">界限含水率</td><td colspan="2">塑限含水率/%</td><td colspan="2"></td><td rowspan="2">分类结论</td><td colspan="5" rowspan="2"></td></tr>
<tr><td colspan="2">液限含水率/%</td><td colspan="2"></td></tr>
<tr><td colspan="2">塑性指数</td><td colspan="2"></td><td>备注</td><td colspan="5"></td></tr>
</table>

</td></tr>
<tr><td>工作结论</td><td></td></tr>
</table>

4 任务评价单

<table>
<tr><td>实训情景四</td><td colspan="3">岩土的工程分类与简易鉴别</td><td>日期</td><td></td></tr>
<tr><td>实训任务一</td><td colspan="3">岩土的工程分类</td><td>学时</td><td>2</td></tr>
<tr><td>评价对象</td><td>评价项目</td><td>评价分值</td><td>评价得分</td><td colspan="2">评分依据</td></tr>
<tr><td rowspan="5">自我评价
(____分)</td><td>完成情况</td><td>20</td><td></td><td colspan="2">按要求完成实训任务</td></tr>
<tr><td>仪器使用</td><td>20</td><td></td><td colspan="2">正确规范操作仪器、爱护仪器</td></tr>
<tr><td>精度速度</td><td>30</td><td></td><td colspan="2">成果满足要求、精益求精、按时完成</td></tr>
<tr><td>实训纪律</td><td>10</td><td></td><td colspan="2">按时实训、遵守课堂纪律</td></tr>
<tr><td>团结合作</td><td>20</td><td></td><td colspan="2">服从安排、能配合其他组员工作</td></tr>
<tr><td rowspan="4">小组评价
(____分)</td><td>实训纪律</td><td>20</td><td></td><td colspan="2">不迟到、不早退</td></tr>
<tr><td>安全操作</td><td>20</td><td></td><td colspan="2">安全操作仪器、仪器未损坏</td></tr>
<tr><td>工作态度</td><td>20</td><td></td><td colspan="2">学习积极主动、有责任心</td></tr>
<tr><td>团队精神</td><td>40</td><td></td><td colspan="2">接受工作分配、有效沟通、主动帮助</td></tr>
<tr><td rowspan="6">教师评价
(____分)</td><td>操作程序</td><td>20</td><td></td><td colspan="2">操作程序正确、动作规范</td></tr>
<tr><td>操作速度</td><td>20</td><td></td><td colspan="2">操作速度快、按时完成实训任务</td></tr>
<tr><td>操作精度</td><td>20</td><td></td><td colspan="2">成果满足规范要求</td></tr>
<tr><td>数据记录</td><td>10</td><td></td><td colspan="2">记录规范完整，无转抄、涂改、抄袭现象</td></tr>
<tr><td>团结合作</td><td>20</td><td></td><td colspan="2">服从组长安排、能配合其他组员工作</td></tr>
<tr><td>实训纪律</td><td>10</td><td></td><td colspan="2">按时实训、遵守课堂纪律</td></tr>
<tr><td>最终得分</td><td colspan="5"></td></tr>
<tr><td>学生姓名</td><td colspan="2"></td><td>第(　　)组</td><td>组长签字</td><td></td></tr>
<tr><td>班　　级</td><td colspan="3"></td><td>教师签字</td><td></td></tr>
<tr><td>教师评语</td><td colspan="5"></td></tr>
</table>

5　教学反馈单

<table>
<tr><td>实训情景四</td><td colspan="2">岩土的工程分类与简易鉴别</td><td>日期</td><td></td></tr>
<tr><td>实训任务一</td><td colspan="2">岩土的工程分类</td><td>学时</td><td>2</td></tr>
<tr><td rowspan="5">学生
学习
反馈</td><td>1</td><td>我学到的知识点有</td><td colspan="2"></td></tr>
<tr><td>2</td><td>我掌握的技能点有</td><td colspan="2"></td></tr>
<tr><td>3</td><td>我不理解的地方有</td><td colspan="2"></td></tr>
<tr><td>4</td><td>我认为还需要深入学习和提高的地方有</td><td colspan="2"></td></tr>
<tr><td>5</td><td>在本次工作任务中，我的综合表现是</td><td colspan="2">☆☆☆☆☆
☆☆☆☆
☆☆☆</td></tr>
<tr><td colspan="5">我对老师本次教学的改进意见是：</td></tr>
<tr><td>学生姓名</td><td colspan="2"></td><td>班级</td><td></td></tr>
</table>

实训任务二　岩土的简易鉴别

1　学生工作任务单

<table>
<tr><td colspan="2">实训情景四</td><td>岩土的工程分类与简易鉴别</td><td>日期</td><td></td></tr>
<tr><td colspan="2">实训任务二</td><td>岩土的简易鉴别</td><td>学时</td><td>2</td></tr>
<tr><td colspan="2">工作任务</td><td colspan="3">常见岩石及土的识别</td></tr>
<tr><td colspan="2">知识充电站</td><td colspan="3">矿物的物理性质微课
码 4-4</td></tr>
<tr><td rowspan="3">学习目标</td><td>素质目标</td><td colspan="3">1. 实训前必须熟悉实训作业手册。
2. 按时、按步骤完成当天的实训任务。
3. 实训过程保持态度端正、严肃认真、团结协作。
5. 室外采集岩土样品时要注意人身安全。
5. 实训过程中,爱护标本、仪器等试验用品,试验完毕后按原状整理好。
6. 每天安排值日生负责打扫实训室,保持室内整洁,注意关闭电源、门窗</td></tr>
<tr><td>知识目标</td><td colspan="3">1. 认识常见矿物的形态及重要物理性质。
2. 掌握常见岩石及土的重要鉴定特征。
3. 理解岩土的简易鉴别试验过程中的注意事项</td></tr>
<tr><td>能力目标</td><td colspan="3">1. 认识常见的矿物和岩石,掌握其主要物理特征。
2. 能够区分相似矿物。
3. 能够根据各种特征对岩土准确命名</td></tr>
<tr><td colspan="2">工作流程</td><td colspan="3">现场岩块取样送回实验室→观察矿物集合体的形态和物理性质→观察矿物的条痕并估计硬度→矿物分类→观察岩石结构、构造并进行分类→目测法确定土的颗粒组成及特征→现场定性确定土的塑性→成果整理,填写表格</td></tr>
<tr><td colspan="2">参考资料</td><td colspan="3">1.《岩土工程勘察规范(2009 年版)》(GB 50021—2001)。
2.《土的工程分类标准》(GB/T 50145—2007)。
3.《工程岩体试验方法标准》(GB/T 50266—2013)。
4.《水利水电工程岩石试验规程》(SL/T 264—2020)</td></tr>
</table>

2　学习引导单

实训情景四	岩土的工程分类与简易鉴别	日期	
实训任务二	岩土的简易鉴别	学时	2
仪器设备	矿物标本和岩石标本，小刀、放大镜、地质锤、烘箱、木碾、条痕板、磁铁、硬度计和简单的试剂(如盐酸等)		
技能充电站	常见岩石矿物的肉眼鉴定视频 码 4-5		

序号	工作步骤		主要仪器设备	备注
1	矿物的肉眼鉴定	1. 观察矿物的形态。 2. 试验矿物的硬度。 3. 进一步观察矿物的颜色。 4. 再次观察矿物的形态及其物质，针对有限的几种可能，逐步缩小范围仔细鉴定出矿物，并确定矿物名称	 矿物标本  地质工具	
2	岩石的肉眼鉴定	1. 根据物质成分、结构、构造等鉴定岩石属于哪一大类岩石。 2. 观察鉴别岩浆岩： (1)观察岩石的颜色及主要的矿物成分。 (2)观察岩石的结构和构造特征。 3. 观察鉴别沉积岩。 (1)鉴定岩石的结构类型。 (2)其所鉴定的岩石属碎屑结构，应按粒度大小及其含量进一步区分，并对碎屑岩碎屑颗粒形态进行鉴定描述。 (3)除碎屑外，还要对胶结物成分做鉴定。 4. 观察鉴别变质岩： (1)观察变质岩的结构，并区别常见的几种变质岩的构造。 (2)鉴定变质岩的矿物成分，并且估计各种矿物的含量。 (3)观察变质岩的颜色，注意其总体和新鲜面的颜色。 5. 综合目测岩石的特征，根据分类命名原则，确定所要鉴定的岩石名称并进行描述	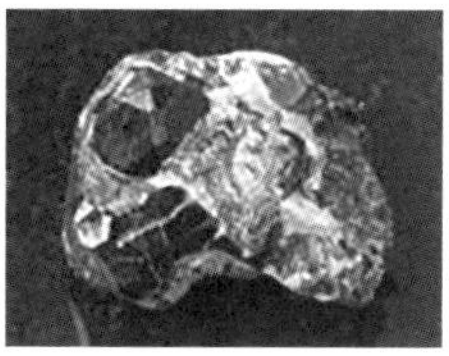 岩石标本  地质锤	

<table>
<tr>
<td>3</td>
<td>土的现场鉴别</td>
<td>
1. 依据土的分类标准，通过现场目估鉴别、手感或手捻、干强度、搓条、摇震等简易试验来进行初步分类定名和描述鉴别。
（1）根据颗粒粗细、干燥时状态、湿润时用手拍击后的状态及黏着感进行碎石土及砂土的鉴别。
（2）根据手摸时的感觉、黏着程度、湿润时刀切情况、湿土搓条情况、干土情况等进行粉土及黏性土的现场鉴别。
碎石土及砂土的野外现场鉴别
<table>
<tr><th colspan="2">土名</th><th>颗粒粗细</th><th>干燥时状态</th><th>湿润时用手拍击后的状态</th><th>黏着感</th></tr>
<tr><td rowspan="3">碎石土</td><td>漂（块）石</td><td>1/2 以上颗粒大于 200 mm</td><td rowspan="4">颗粒完全分散</td><td rowspan="5">表面无变化</td><td rowspan="6">无黏着感</td></tr>
<tr><td>卵（碎）石</td><td>1/2 以上颗粒比蚕豆大（>20 mm）</td></tr>
<tr><td>圆（角）砾</td><td>1/2 以上颗粒比高粱米大（>2 mm）</td></tr>
<tr><td rowspan="5">砂土</td><td>砾砂</td><td>1/4 以上颗粒比高粱米大（>2 mm）</td></tr>
<tr><td>粗砂</td><td>1/2 以上颗粒比小米粒大</td><td>仅个别颗粒间有轻度黏结</td></tr>
<tr><td>中砂</td><td>1/2 以上颗粒与砂糖或白菜籽近似</td><td>颗粒基本分散，仅部分有黏结现象，但一碰即散</td><td>表面偶有水印、水折现象</td></tr>
<tr><td>细砂</td><td>大部分颗粒与粗玉米粉近似</td><td>少量颗粒黏结、稍碰即散</td><td>表面有水印</td><td>偶有轻黏着感</td></tr>
<tr><td>粉砂</td><td>大部分颗粒介于玉米粉与面粉之间</td><td>大部分颗粒有黏结现象，但稍压、轻碰即散</td><td>表面有显著水印</td><td>有轻微黏着感</td></tr>
</table>
</td>
<td>

土样

烘箱
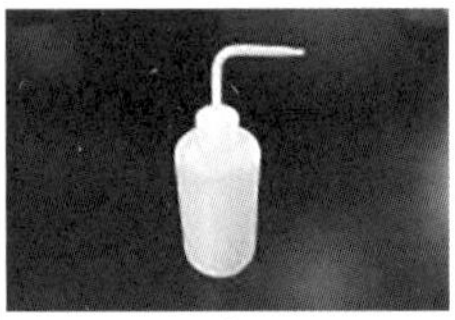
水

小刀、放大镜、木碾等
</td>
<td></td>
</tr>
</table>

<table>
<tr>
<td>3</td>
<td>土的现场鉴别</td>
<td>
粉土及黏性土的野外现场鉴别
<table>
<tr><th colspan="2">土名</th><th>手摸时的感觉</th><th>黏着程度</th><th>湿润时刀切情况</th><th>湿土搓条情况</th><th>干土情况</th><th>其他特征</th></tr>
<tr><td colspan="2">粉土</td><td>细颗粒存在或有粗糙感，有时有轻微黏滞感</td><td>不黏着物体，当黏着于物体时，干燥后一碰即掉</td><td>无光滑面，切面粗糙</td><td>湿土不能搓成小于2 mm的土条，且易断裂</td><td>手很易捏碎</td><td></td></tr>
<tr><td rowspan="2">黏性土</td><td>粉质黏土</td><td>有少量细颗粒，稍有滑腻感，有黏滞感</td><td>能黏着于物体，干燥后较易剥掉</td><td>稍有光滑面，切面规则，感觉到有砂粒存在</td><td>能搓成0.5~2 mm的土条</td><td>用锤击易碎，用手难捏碎</td><td>表面无光泽，有较粗且宽的条纹</td></tr>
<tr><td>黏土</td><td>湿土用手拈摸有滑腻感，当水分较大时，极易黏手，感觉到有颗粒存在</td><td>湿土极易黏着物体（包括金属、玻璃），干燥后不易剥去，用水反复洗才能去掉</td><td>切面非常光滑，刀刃有黏腻阻力</td><td>能搓成小于0.5 mm的细长土条，长度不短于手掌，手持一端及弯曲时不致断裂</td><td>坚硬，用锤击方可打碎，不易击成粉末</td><td>表面有蜡状光泽，有细狭条纹</td></tr>
</table>
</td>
<td></td>
<td></td>
</tr>
</table>

3	土的现场鉴别	2. 根据不同种类土的特性进行土样的现场描述。 (1)碎石土:重点描述颗粒级配、颗粒形状、颗粒排列、母岩成分、风化程度、充填物的性质和充填程度、密实度等。 (2)砂土:重点描述颜色、矿物组成、颗粒级配、颗粒形状、细粒含量、湿度、密实度等。 (3)粉土:重点描述颜色、包含物、湿度、密实度等。 (4)黏性土:描述颜色、状态、包含物、结构等。 (5)特殊性土除应描述上述相应土类规定的内容外,尚应描述其特殊成分和特殊性质,如对淤泥尚需描述臭味,对填土尚需描述物质成分、堆积年代、密实度和均匀程度等。 (6)对具有互层、夹层、夹薄层特征的土,尚应描述各层的厚度和层理特征		
4	试验记录	包括项目名称、试件编号、试件描述、鉴定依据、试验人员、试验日期等		
注意事项		在鉴别过程中众多矿物成分常常难以辨认,一般只能根据颜色深浅、坚硬性、比重大小及盐酸反应等进行初步判断		
思考与练习		1. 凡是矿物都是晶体吗?为什么? 2. 鉴别岩石种类的主要特征可以从哪些方面入手? 3. 土样搓条过程中,哪类土在细条状态下不易断?哪类土不易搓条?		

3　工作任务成果单

实训情景四	岩土的工程分类与简易鉴别	日期	
实训任务二	岩土的简易鉴别	学时	2
工程实例	×××工程岩石鉴定测定样表 码 4-6		
小组成员		班级 第(　　)组	
工作任务记录表	见下表		

矿物鉴定记录表

项目名称							试验日期						
试验项目							样本描述						
依据标准或规范													
标本编号	形态		光学性质				力学性质				滴酸反应	其他	矿物名称
	单体	集合体	颜色	条痕	光泽	透明度	解理	断口	硬度	密度			
1													
2													
3													
备注													

岩石鉴定记录表

项目名称			试验日期				
试验项目			样本描述				
依据标准或规范							
标本编号	主要鉴定特征						岩石名称
	颜色		矿物成分		结构	构造	
	风化面	新鲜面	主要	次要			
1							
2							
3							
备注							

<table>
<tr>
<td>工作任务记录表</td>
<td>

土的现场鉴别记录表

<table>
<tr><td colspan="3">项目名称</td><td colspan="3"></td><td colspan="2">试验日期</td><td></td></tr>
<tr><td colspan="3">试验项目</td><td colspan="3"></td><td colspan="2">样本描述</td><td></td></tr>
<tr><td colspan="2">依据标准或规范</td><td colspan="7"></td></tr>
<tr><td rowspan="3">标本编号</td><td colspan="7">主要鉴定特征</td><td rowspan="3">鉴别结果</td></tr>
<tr><td colspan="2">湿润时</td><td rowspan="2">手捻感</td><td rowspan="2">摇震反应</td><td rowspan="2">黏着程度</td><td rowspan="2">湿土搓条情况</td><td rowspan="2">干土性质</td></tr>
<tr><td>用刀切</td><td>用手拍</td></tr>
<tr><td>1</td><td></td><td></td><td></td><td></td><td></td><td></td><td></td><td></td></tr>
<tr><td>2</td><td></td><td></td><td></td><td></td><td></td><td></td><td></td><td></td></tr>
<tr><td>3</td><td></td><td></td><td></td><td></td><td></td><td></td><td></td><td></td></tr>
<tr><td>备注</td><td colspan="8"></td></tr>
</table>

</td>
</tr>
<tr>
<td>工作结论</td>
<td></td>
</tr>
</table>

4　任务评价单

<table>
<tr><td>实训情景四</td><td colspan="3">岩土的工程分类与简易鉴别</td><td>日期</td><td></td></tr>
<tr><td>实训任务二</td><td colspan="3">岩土的简易鉴别</td><td>学时</td><td>2</td></tr>
<tr><td>评价对象</td><td>评价项目</td><td>评价分值</td><td>评价得分</td><td colspan="2">评分依据</td></tr>
<tr><td rowspan="5">自我评价
(____分)</td><td>完成情况</td><td>20</td><td></td><td colspan="2">按要求完成实训任务</td></tr>
<tr><td>仪器使用</td><td>20</td><td></td><td colspan="2">正确规范操作仪器、爱护仪器</td></tr>
<tr><td>精度速度</td><td>30</td><td></td><td colspan="2">成果满足要求、精益求精、按时完成</td></tr>
<tr><td>实训纪律</td><td>10</td><td></td><td colspan="2">按时实训、遵守课堂纪律</td></tr>
<tr><td>团结合作</td><td>20</td><td></td><td colspan="2">服从安排、能配合其他组员工作</td></tr>
<tr><td rowspan="4">小组评价
(____分)</td><td>实训纪律</td><td>20</td><td></td><td colspan="2">不迟到、不早退</td></tr>
<tr><td>安全操作</td><td>20</td><td></td><td colspan="2">安全操作仪器、仪器未损坏</td></tr>
<tr><td>工作态度</td><td>20</td><td></td><td colspan="2">学习积极主动、有责任心</td></tr>
<tr><td>团队精神</td><td>40</td><td></td><td colspan="2">接受工作分配、有效沟通、主动帮助</td></tr>
<tr><td rowspan="6">教师评价
(____分)</td><td>操作程序</td><td>20</td><td></td><td colspan="2">操作程序正确、动作规范</td></tr>
<tr><td>操作速度</td><td>20</td><td></td><td colspan="2">操作速度快、按时完成实训任务</td></tr>
<tr><td>操作精度</td><td>20</td><td></td><td colspan="2">成果满足规范要求</td></tr>
<tr><td>数据记录</td><td>10</td><td></td><td colspan="2">记录规范完整，无转抄、涂改、抄袭现象</td></tr>
<tr><td>团结合作</td><td>20</td><td></td><td colspan="2">服从组长安排、能配合其他组员工作</td></tr>
<tr><td>实训纪律</td><td>10</td><td></td><td colspan="2">按时实训、遵守课堂纪律</td></tr>
<tr><td>最终得分</td><td colspan="5"></td></tr>
<tr><td>学生姓名</td><td colspan="2"></td><td>第(　　)组</td><td>组长签字</td><td></td></tr>
<tr><td>班　　级</td><td colspan="3"></td><td>教师签字</td><td></td></tr>
<tr><td>教师评语</td><td colspan="5"></td></tr>
</table>

5　教学反馈单

<table>
<tr><td colspan="2">实训情景四</td><td>岩土的工程分类与简易鉴别</td><td>日期</td><td></td></tr>
<tr><td colspan="2">实训任务二</td><td>岩土的简易鉴别</td><td>学时</td><td>2</td></tr>
<tr><td rowspan="5">学生
学习
反馈</td><td>1</td><td>我学到的知识点有</td><td colspan="2"></td></tr>
<tr><td>2</td><td>我掌握的技能点有</td><td colspan="2"></td></tr>
<tr><td>3</td><td>我不理解的地方有</td><td colspan="2"></td></tr>
<tr><td>4</td><td>我认为还需要深入学习和提高的地方有</td><td colspan="2"></td></tr>
<tr><td>5</td><td>在本次工作任务中,我的综合表现是</td><td colspan="2">☆☆☆☆☆
☆☆☆☆
☆☆☆</td></tr>
<tr><td colspan="5">我对老师本次教学的改进意见是:</td></tr>
<tr><td colspan="2">学生姓名</td><td></td><td>班级</td><td></td></tr>
</table>

附　件

附件一　土样的验收和管理

(1)土样送达试验单位,必须附送样单、试验委托书及其他有关资料。

送样单应有原始记录和编号,内容包括工程名称,试坑或钻孔编号、高程、取土深度、取样日期等。原状土应有地下水位高程、土样现场鉴别和描述及定义、取土方法等。

试验委托书应包括工程名称、工程项目、试验目的、试验项目、试验方法及要求。例如,原状土进行力学性试验时,试样是在天然含水率状态下还是饱和状态下进行;剪切试验的仪器;剪切试验方法;剪切和固结的最大荷重;渗透试验是竖直方向还是水平方向;求某一级荷重或某一个干密度孔隙比下的固结系数或湿陷渗透系数;黄土压缩试验须提出设计荷重。扰动土样的力学性质试验要提出初步设计干密度和施工现场可能达到的平均含水率等。

(2)试验单位接到土样后,应按试验委托书验收。

验收中需查明土样数量、编号,所送土样应满足试验项目和试验方法的要求。必要时可抽验土样质量,验收后登记、编号。登记内容应包括:工程名称、委托单位、送样日期、土样室内编号和野外编号、取土地点和取土深度、试验项目的要求以及要求提出成果的日期等。

(3)试验单位验收、登记后,将土样按顺序妥善存放。

应将原状土样和保持天然含水率的扰动土样置于阴凉的地方,尽量防止扰动和水分蒸发。土样从取样之日起至开始试验的时间不应超过3周。

(4)土样经过试验之后,应妥善保管余土。

余土应贮存于适当容器内,并标记工程名称及室内土样编号,以备审核试验成果之用。一般保存到试验报告提出3个月以后,委托单位对试验报告未提出任何疑义时,方可处理。处理试验余土时应考虑余土对环境的污染、卫生等要求。

码附 1

附件二　试验检测数值修约方法

一、基本概念

(一)数值修约

数值修约是指通过省略原数值的最后若干位数字,调整所保留的末位数字,使最后所得到的值最接近原数值的过程。经数值修约后的数值称为原数值的修约值。

(二)修约间隔

修约间隔是指修约值的最小数值单位。修约间隔的数值一经确定,即为该数值的整数倍。如指定修约间隔为0.1,修约值应在0.1的整数倍中选取,相当于将数值修约到一位小数;如指定修约间隔为100,修约值应在100的整数倍中选取,相当于将数值修约到“百”数位。

二、修约规则

依据《数值修约规则与极限数值的表示和判定》(GB/T 8170—2008),数值修约方法适用于科学技术与生产活动中测试和计算得出的各种数值。当所得数值需要修约时,应按以下规则进行。

(一)确定修约间隔

根据试验数据的有效位数要求,确定修约间隔。附表1是常见土工试验数据的有效位数。

附表1　常见土工试验数据的有效位数

项目	天然密度/(g/cm^3)	天然含水率/%	颗粒相对体积质量	天然孔隙比	相对密度	液限、塑限/%	液性指数、塑性指数	颗粒分析/%	不均匀系数	渗透系数/(cm/s)	压缩系数/MPa^{-1}	黏聚力/kPa	内摩擦角/(°)	无侧限抗压强度/kPa
有效位数	0.01	0.1	0.01	0.001	0.01	0.1	0.01	0.1	0.1	0.1×10^{-n}	0.001	0.01	0.5	0.1

(二)进舍规则

(1)拟舍弃数字的最左一位数字,<5,则舍去,保留其余各位数字不变。

例:将11.249 8修约到“个”数位,得11;将11.249 8修约到一位小数,得11.2。

(2)拟舍弃数字的最左一位数字,>5,则进一,即保留数字的末位数字加1。

例:将1 568修约到“百”数位,得16×10^2(修约间隔明确时可写为1 600)。

(3)拟舍弃数字的最左一位数字是5,且其后有非0数字时进一,即保留数字的末位数字加 1。

例:将 12.500 2 修约到“个”数位,得 13。

(4)拟舍弃数字的最左一位数字为 5,且其后无数字或皆为 0 时,若所保留的末位数字为奇数(1,3, 5,7,9)则进一,即保留数字的末位数字加 1;若所保留的末位数字为偶数(0,2,4,6,8),则舍去。

例 1:修约间隔为 0.1(或 10^{-1})。

拟修约数值	修约值
1.050	10×10^{-1}(修约间隔明确时可写为 1.0)
0.75	8×10^{-1}(修约间隔明确时可写为 0.8)

例 2:修约间隔为 1000(或 10^{3})。

拟修约数值	修约值
4 500	4×10^{3}(修约间隔明确时可写为 4 000)
1 500	2×10^{3}(修约间隔明确时可写为 2 000)

(5)负数修约时,先将其绝对值按前述规则进行修约,然后在所得值前面加上负号。

例 1:将下列数字修约到“十”数位。

拟修约数值	修约值
-255	-26×10(修约间隔明确时可写为-260)
-625	-62×10(修约间隔明确时可写为-620)

例 2:将下列数字修约到三位小数,即修约间隔为 10^{-3}。

拟修约数值	修约值
-0.056 5	-56×10^{-3}(修约间隔明确时可写为-0.056)

(三)不允许连续修约

(1)拟修约数字应在确定修约间隔或指定修约数位后一次修约获得结果,不得多次按前述规则连续修约。

例 1:修约 87.46,修约间隔为 1。

正确的做法:87.46→87;

不正确的做法:87.46→87.5→88。

例 2:修约 25.454 6,修约间隔为 1。

正确的做法:25.454 6→ 25;

不正确的做法:25.454 6→ 25.455→ 25.46→ 25.5→ 26。

(2)在实际工作中,有时测试与计算部门先将获得数值按指定的修约数位多一位或几位报出,而后由其他部门判定。为避免产生连续修约的错误,应按下述步骤进行。

报出数值最右的非零数字为 5 时,应在数值右上角加“+”、加“-”或不加符号,分别表明已进行过舍、进或未舍未进。

例:26.50^{+}表示实际值大于 26.50,经修约舍弃为 26.50;16.50^{-}表示实际值小于 26.50,经修约进一为 26.50。

如对报出值需进行修约,当拟舍弃数字的最左一位数字为 5,且其后无数字或皆为零时,数值右上角有“+”者进一,有“-”者舍去,其他仍按前述的规则进行。

例:将下列数字修约到“个”数位(报出值多留一位至一位小数)。

实测值	报出值	修约值
25.454 6	25.5^-	25
-25.454 6	-25.5^-	-25
26.520 3	26.5^+	27
-26.520 3	-26.5^+	-27
27.500 0	27.5	28

附件三　试验资料整理与试验报告

一、试验数据分析和整理

试验后应进行正确的数据分析和整理，以使试验资料可靠和适用。发现试验资料中明显不合理的数据，要通过研究分析其原因（如试样的代表性、试验过程中出现异常情况等）；有条件时进行一定的补充试验，可决定对可疑数据取舍或改正。舍弃试验数据时，应根据误差分析或概率的概念，按3倍标准差（$\pm 3s$）作为舍弃标准，即在资料分析中应该舍弃那些在算术平均值 $\bar{x}\pm 3s$ 范围以外的测定值，然后重新计算整理。

土工试验测得的土性指标，可按其在工程设计中的实际作用分为一般特性指标和主要计算指标。前者如土的天然密度、天然含水率、土粒相对体积质量、颗粒组成、液限、塑限、有机质、水溶盐等，是指作为对土分类定名和阐明其物理化学特性的土性指标；后者如土的黏聚力、内摩擦角、压缩系数、变形模量、渗透系数等，是指在设计计算中直接用以确定主体的强度、变形和稳定性等力学性的土性指标。

（1）对一般特性指标的成果整理，通常可采用多次测定值 x_i 的算术平均值 $\bar{x}$，并计算出相应的标准差 s 和变异系数 C_v，以反映实际测定值对算术平均值的变化程度，从而判别其采用算术平均值时的可靠性（见附表2）。

其中

算术平均值：

$$\bar{x}=\frac{1}{n}\sum_{i=1}^{n}x_i \tag{附1}$$

标准差：

$$s=\sqrt{\frac{1}{n-1}\sum_{i=1}^{n}(x_i-\bar{x})^2} \tag{附2}$$

变异系数：

$$C_v=\frac{S}{\bar{x}} \tag{附3}$$

式中　n——指标测定的总次数。

附表2　变异性评价

变异系数	$C_v<0.1$	$0.1\leq C_v<0.2$	$0.2\leq C_v<0.3$	$0.3\leq C_v<0.4$	$C_v\geq 0.4$
变异性	很小	小	中等	大	很大

（2）对于主要计算指标的成果整理，测定的组数较多时，指标的最佳值接近于测值的算术平均值，仍可按一般特性指标的方法确定其设计计算值，即采用算术平均值。但通常由于试验的数据较少，考虑到测定误差、土体本身不均匀性和施工质量的影响等，对初步

设计和次要建筑物宜采用标准差平均值，即对算术平均值加或减一个标准差的绝对值（$\bar{x} \pm |s|$）。

(3)对不同应力条件下测得的某种指标，如抗剪强度等，应经过综合整理求取。在有些情况下，尚需求出不同土体单元综合使用时的计算指标。这种综合性的土性指标，一般采用图解法或最小二乘法确定。

图解法是将不同应力条件下测得的指标值(如抗剪强度)求得算术平均值，然后以不同应力为横坐标、以指标平均值为纵坐标作图，并求得关系曲线，确定其参数(如土的黏聚力 c 和角摩擦系数 $\mathrm{tg}\varphi$)；最小二乘法根据各测定值与关系曲线的偏差的平方和为最小的原理求取参数值；当设计计算几个土体单元土性参数的综合值时，可按土体单元在设计计算中的实际影响，采用加权平均值。

二、试验报告

试验数据是编制试验报告的依据。试验数据应进行整理、检查和分析，经确定无误后方可采用。试验报告所需提供的依据应包括根据不同建筑物的设计和施工的具体要求所拟试验的全部土性指标。

(一)试验报告内容

应包括试验方案的简要说明，试验数据和基本结论。其中，试验方案的内容可包括工程概况，所需解决的问题以及由此对试样的采制，试验项目和试验条件提出的要求。试验报告中应采用国家颁布的法定计量单位。

(二)试验报告审查

试验报告应进行下列审查：对照委托任务书，检查试验项目应齐全；检查试验项目应按照试验方法标准进行；综合分析检查各指标间的关系应合理；对需要进行数据统计分析的试验报告检查选用的方法应合理，结果应正确；检查土的定义应与相关标准相符。

(三)试验报告审批

试验报告审批应符合下列程序：由试验人员填写成果汇总表→经校核人员校核汇总表中的数据→由试验负责人编写试验报告→由技术负责人签字并盖章发送。

码附 2

参考文献

[1] 中华人民共和国住房和城乡建设部. 土工试验方法标准:GB/T 50123—2019[S]. 北京:中国计划出版社,2019.

[2] 中华人民共和国建设部. 土的工程分类标准:GB/T 50145—2007[S]. 北京:中国计划出版社,2008.

[3] 中华人民共和国交通运输部. 公路土工试验规程:JTG 3430—2020[S]. 北京:人民交通出版社,2021.

[4] 中国电力企业联合会. 工程岩体试验方法标准:GB/T 50266—2013[S]. 北京:中国计划出版社,2013.

[5] 中华人民共和国建设部. 岩土工程勘察规范(2009 年版):GB 50021—2001[S]. 北京:中国建筑工业出版社,2004.

[6] 中华人民共和国水利部. 水利水电工程岩石试验规程:SL/T 264—2020[S]. 北京:中国水利水电出版社,2020.

[7] 中华人民共和国住房和城乡建设部,中华人民共和国国家质量监督检验检疫总局. 水利水电工程地质勘察规范(2022 年版):GB 50487—2008[S]. 北京:中国计划出版社,2009.

[8] 中华人民共和国住房和城乡建设部. 建筑地基基础设计规范:GB 50007—2011[S]. 北京:中国计划出版社,2012.

[9] 全国统计方法应用标准化技术委员会. 数值修约规则与极限数值的表示和判定:GB/T 8170—2008[S]. 北京:中国标准出版社,2009.